JN143891

A Geek's Guide to the Beauty of Numbers, Logic, and Computation

Good Math

グッド・マス

ギークのための数・論理・計算機科学

Mark C. Chu-Carroll 著
cocoatomo 訳

Original English language title:
Good Math - A Geek's Guide to the Beauty of Numbers, Logic, and Computation
by Mark C. Chu-Carroll
Published by The Pragmatic Programmers, LLC.

この本を父アーヴィング・キャロル（ **zt"l** ）の記憶に捧げます。
私を数学ギークの道へといざなってくれたのは父です。この本が
あるのは彼のおかげです。なにより彼は、自らを範例として、情、
ユーモア、義、それに勤勉さをもって誠実に生きることにより、
立派な人間になるすべを私に示してくれました。

“Good Math” 推薦の声

Mark C. Chu-Carroll は世界で最初の数学ブロガーの一人だ。愉快で気さくに複雑な概念の道案内をしてくれる。この “Good Math” では、数の基本的な表記からコンピュータプログラミングの最新の話題まで、一冊の本におよぶ数学の旅に彼のスキルが存分に生かされている。黄金比やチューリングマシン、あるいは、なぜ π は無限に数字が続くのかといった話題にこれまで興味を持ったことがある人に本書をおすすめする。

▶ Carl Zimmer
“The New York Times” 誌の科学に関する週間記事 “Matter” †1、およびブログ “National Geographic Magazine” における “The Loom” †2の執筆者

Mark C. Chu-Carroll による陽気で知的なブログ “Good Math/Bad Math” のファンは、この知的ギーク（geekerati）向けの数学案内をじっくり味わえるでしょう。Chu-Carroll は、自然数、無理数、虚数、黄金比のような基本的な話題から、カントールの集合、群論、論理、証明、プログラミング、それにチューリングマシンまで、この本にすべてを詰め込みました。どのページも、その話題に対する彼の愛であふれています。そして、その話題をあなたにも愛せるようにしてくれるでしょう。

▶ Jennifer Ouellette
“The Calculus Diaries” の著者

†1 http://bit.ly/NYTZimmer

†2 http://phenomena.nationalgeographic.com/blog/the-loom

前書き

この本はどこから生まれたか？

子どものころ、父親についての一番最初の記憶には、数学に関係するものがいくつかあります。私の父は半導体を製造する RCA で働いていた物理学者で、仕事にはたくさんの数学がかかわっていました。あるとき、父は終わっていない仕事を週末で片づけるために持ち帰ってきました。論文をあたりに広げ、彼の忠実なる計算尺を横に置いて居間に座っていました。

ギークな子どもだった私には、父がやっている仕事がとてもかっこよく見えたので、よく父に仕事について尋ねました。質問すると、父はいつも手を止め、私に説明してくれました。父は素敵な教師で、私は父から数学について多くのことを学びました。父は、つりがね曲線や標準偏差や線形回帰について小学校 3 年生のときに教えてくれました！ 私は、大学に行くまで、学校の数学の授業では実際には何も学んでいません。なぜなら、教室で教わるようになるかなり前に父がすでに教えてくれていたからです。

父は私に物事を説明してくれただけではありませんでした。教え方まで教えてくれたのです。いつも、「誰かほかの人に何かを説明できるようになるまでは、お前は本当には理解していない」と言われました。父は、自分はまるで何も知らないかのように、私に物事を説明させました。

父との時間は、私の数学に対する愛の土台となり、その愛は何十年も続きました。

2006 年ごろ、私は科学ブログを読むようになりました。そういったブログに強く心を惹かれ、興奮しました。しかし私自身は、誰かの興味を惹くような話はできないと思い込んでいました。ほかの人が書いたものをただ読んで、たまにコメントするだけでした。

ある日、プロの癌の外科医が Orac というペンネームで書いた “Respectful Insolence” というブログを読んでいました。彼は、どこかの風変わりな人たちが書いた論文について語っていて、その論文では、公開のデータベース上のデータからばかげた結論を引き出していました。Orac はその議論を念入りに分解し、基本的な医学や生物学に関する著者たちの主張がなぜばかげているかを説明しました。しかし、元の論文を読んだときに私にとって衝撃だったのは、著者たちの生物学についての誤解を指摘する必要がなかったことです。なぜかというと、議論全体の根拠となるグラフデータの解釈そのものが完全に間違っていたからです。これが「生物学者、医者、神経学者、生理学者、物理学者は専門分野についてたくさんのブログを書いているのに数学については誰もブログを書いていない！」ことに気づいた瞬間でした。

そこで私は Blogger というサービスを使ってブログを作りました。当の論文におけるずさんな数学について批評を書き上げ、Orac にリンクを送りました。何十人かは私の記事を読んでくれるかもしれないし、数週間後には私がブログに見切りをつけるかもしれないし、などと思っていました。

しかし、自分の新しいブログに最初の記事を公開したとたん、私は父のことを思い浮かべていました。父は人をばかにすることを認めない人でした。たまにふざけるくらいなら問題ありませんでしたが、他人をけなすことを本気で面白がっていたら？ まず父に褒められることはなかったでしょう。

父の教え方を思い出しながら、私は自分が愛した数学について書き始めました。読者が、なぜ数学がそれほど美しく、楽しく、魅力的なのかをわかるように書こうとしました。その結果が私のブログ “Good Math/Bad Math” です。ブログを書き始めてからおよそ 7 年が経ち、記事の数は数千になりました！

ブログを始めたときは、誰も内容に興味を持たないんじゃないかと思っていました。もしかしたら私の記事を何十人かの人は読んでくれるかもしれない、そして、数週間後には私のほうが嫌になってブログに見切りをつけるかもしれない、などと思っていました。しかしそうはならず、数年後には私の記事をすべて読んでくれる数千人のファンができました。

この本は、私にとっては、さらに広い聞き手に声を届ける手段です。数学は**本当に**、面白く、美しく、魅力的なのです。私は、この面白さや美しさや魅力をあなたとわかち合いたいのです。この本は、父が私と過ごし、数学を愛することを教え、それをほかの人に教えることを教えてくれた時間が実を結んだものです。

私は今でも父の計算尺を持っています。最高に価値のある持ち物の 1 つです。

誰へ向けての本か

数学に興味があるなら、この本はそんなあなたのための本です！ 基本的な高校数学の経験があれば、誰にでも気楽に楽しめるように書いたつもりです。より多くの経験があれば、より深いところに気づくでしょうが、高校の代数の授業しか受けていなくてもついていくことはできるはずです。

この本をどう読んだらいいか

この本は表紙から裏表紙まで全部読む必要はありません。各章はほぼ独立しています。興味のある話題を選んで、好きな順序で読んでかまいません。この本には6つの部があって、それぞれの部の中では、ある章が同じ部の前の章にある詳細を参照することがあります。参照先の章を読めば理解は深まりますが、脱線するのが好きでなければ参照先に飛ばずにそのまま読み進めてください。

何が必要か？

この本のほとんどで必要なのは好奇心だけです。いくつかの節にはプログラムも載せてあります。実行したいときのために、プログラムのある節にはリンクと手引きも載せてあります。

謝辞

このような本に貢献してくれたすべての人に謝辞を述べるのは至難の業です。きっと誰かを載せ忘れてしまうでしょう。もしあなたが謝辞にふさわしいのに私が忘れてしまっていたら、あらかじめ謝っておきます。そしてあなたに感謝します！

以下の人たちに多大なる感謝を捧げます。

- 私の「ブログファーザー」で友人であるOrac（David Gorski）。彼は私がブログを始めるきっかけを与えてくれ、始めるにあたり読者の関心を惹くのを手伝ってくれました。
- たくさんの私のブログの読者たち。私の間違いを見つけ、書き手として成長するのを手伝ってくれました。
- Scientopiaでのブロガー仲間。
- 時間と労力を割いて、この本の原稿の技術レビューをしてくれた人々。Paul Keyser、Jason Liszka、Jorge Ortiz、Jon Shea。
- Foursquareでの私の同僚。私を支えてくれたり、感想を聞かせてくれたり、職場を楽しい場所にしてくれたりしました。
- The Pragmatic Bookshelfの人たち。特にDavid ThomasとDavid Kelly。仕事の範囲を越えて、この本で数学の植字を実現してくれました。
- そしてもちろん、私の家族。熱狂的なギークの書き手を受け入れてくれました。

目次

第 I 部

数

数学について考えるとき、おそらく真っ先に頭に浮かぶのは数でしょう。数は魅力的なものです。しかしよく考えてみると、数について本当に理解している人はうんざりするほど少ししかいません。

数が実際にどんなものか、どう定義しますか？ 何をもって実際に数だといえるのでしょうか？ そういえば**実**数という言葉があったような？ 数は何個あるのでしょうか？ 数の種類はいくつあるのでしょうか？

数について知るべきことをすべて語ることは、おそらく筆者には無理です。それには 20 冊とか 30 冊もの本が必要になるでしょう。それでも筆者には、読者を船旅のようなものへと連れ出し、数とは何かについての基本的な事柄をいくつか眺めてもらって、とりわけ奇妙で興味深い数をいくつか紹介することはできます。

第01章

自然数

数とはなんでしょうか？

数学ではこの問いに対していろいろな答え方があります。数が何を意味するかを眺めることで**意味論的に**答えることもできます。あるいは数がどのように振る舞うかを眺めることで、その問いに**公理的に**答えることもできます。あるいはほかの単純な対象から数を組み立てる方法を眺めることで、その問いに**構成的に**答えることだってできます。

まずは意味論から始めましょう。数は何を**意味している**でしょうか？ 私たちは皆この問いの答えを知っていると思っていますが、実はだいたいは間違っています！「数はただ1つのもので、数えるのに使うもの、ただそれだけのものだ」とほとんどの人は考えています。しかし本当は正しくありません。数は使われ方によって2つの異なる意味を持つことがあります。

数には2種類あります。数字の3を見たときには、実はこれが意味するものはわかりません。それには2つの異なる意味があり、どちらを使っているかわからなければ意味はあいまいなままです。ついさっき見たように「私は3つのリンゴを持っています」での3の意味かもしれませんし、「私は競走で3位になった」での3の意味かもしれません。「3つのリンゴ」の3は基数、「3位」の3は順序数と呼ばれます。

基数(cardinal number)は集団の中に物がいくつあるかを数えるものです。「リンゴが**3**つ欲しい」と言ったとき、その3は基数です。**順序数（ordinal number）**は集団の中で特定の物がどの位置にあるかを数えるものです。「**3**つめのリンゴが欲しい」と言ったとき、その3は順序数です。英語でこれらの区別をつけるのは簡単です。なぜなら順序数形と呼ばれる文法上の形式があり、基数の3は「three」、順序数の3は「third」となるため、基数と順序数の違いは英文法で使われている区別とまったく同じになるからです。

基数と順序数の違いが本当に意味を持ち始めるのは、数学のための集合論的な基礎について語るときです。これについては、第16章で集合論について語るときにより詳しく見ていきます。今は、基数は物を数え、順序数は物の位置を特定する、という基本的な理解で十分です。

公理的な話はもっと興味深いものです。公理的な定義では、**公理（axiom）**と呼ばれる規則の集まりという観点で何を見ているかを記述します。公理は数（あるいは定義している何か）がどう振る舞うかを定義するという働きをします。数学では常に公理的な定義を使うことが好まれます。というのは、何が可能でどのように振る舞うかについてのあいまいさを、公理的な定義がすべて取り除いてくれるからです。公理的な定義は意味があまり直感的ではありませんが、正確さは完璧で、形式的な論証のもとで使えるように構成されています。

1.1　自然数を公理的に語る

基本的で基礎的な数の集まりである自然数について語るところから始めましょう。 自然数は、ゼロとゼロより大きい数で、小数部分なしに書ける数からできています。自然数の集まりのことを $\mathbb{N}$ と書きます。

数について語るときには自然数が一番基本的で基礎的な種類の数なので、自然数から始めましょう。直感的に言うと、子どものときに最初に理解した数学的な概念が自然数です。小数部分のないすべての数であり、ゼロから始まって、無限へ向かって $0, 1, 2, 3, 4, \ldots$ と伸びていきます（私のような計算機科学者は自然数が大好きで、それは計算可能なものはすべて自然数に由来するからです）。

自然数は実際には**ペアノ算術（Peano arithmetic）**と呼ばれる規則の集合で形式的に定義されています。ペアノ算術は、自然数を定義する公理の一覧を示したものです。

- **初期値の規則（Initial Value Rule）**
  0と呼ばれる特別な対象があり、0は自然数です。
- **後者の規則（Successor Rule）**

すべての自然数 n について、**後者(successor)**と呼ばれる別の数 $s(n)$ がきっちり 1 つだけあります。

- **前者の規則(Predecessor Rule)**
  0 はどんな自然数の後者でもなく、そして 0 **以外の**すべての自然数は、**前者(predecessor)**と呼ばれる他の自然数の後者になります。2 つの自然数 a と b があったとして、b が a の後者であれば、a は b の前者です。
- **一意性の規則(Uniqueness Rule)**
  どの異なる 2 つの自然数も同じ後者を持ちません。
- **等価性の規則(Equality Rules)**
  自然数は等価性の比較ができます。等価性は次の 3 つの規則からなります。
  - 等価性は**反射的(reflexive)**で、これはすべての数は自分自身と等しいことを意味します。
  - 等価性は**対称的(symmetric)**で、これは自然数 a が自然数 b と等しい（つまり $a = b$）ならば $b = a$ ということを意味します。
  - 等価性は**推移的(transitive)**で、これは $a = b$ かつ $b = c$ ならば $a = c$ ということを意味します。
- **帰納法の規則(Induction Rule)**
  ある命題 P について、次のことが成り立つならば、P はすべての自然数について真になります。
  1. P は 0 について真（つまり $P(0)$ が真）である[†1]。
  2. P が自然数 n について真（つまり $P(n)$ が真）と**仮定した**とき、P が n の後者 $s(n)$ についても真である（つまり $P(s(n))$ が真だ）と**証明**できる。

これらはすべて、自然数は 0 から始まる小数部分のない数だ、ということを言うための単なる凝った方法です。ペアノの規則を初めて見る人の多くは、最後のもの以外はとても理解しやすいと感じます。帰納法は技巧的な概念です。私は、最初に帰納法を使った証明を見たとき、まったく理解できなかったことを覚えています。循環論法のような感じがして、納得しがたいものがありました。しかし帰納法は必要不可欠です。自然数は無限集合なので、その集合全体について何かを言うためには、有限のものを無限のものに拡張するある種の論証が使える必要があります。それが帰納法です。帰納法を使うと、有限個の対象についての論証を無限集合にまで拡張できるのです。

---

†1 ［訳注］ 帰納法を使う対象の命題には、たいていある自然数を表す記号 n が含まれていて、それを明示して $P(n)$ と書きます。この n に具体的な自然数（例えば 0）を当てはめた命題を $P(0)$ と書きます。

形式主義はいったん横に置いておくとして、帰納法の規則で言っていることは、このパターンを使っていい、ということです。先頭の数についてちゃんと定義すれば、その先頭の数に1を足したときにどう定義されるかを説明することで、その先頭の数字以降のすべての数について定義ができます。このパターンを使うと、すべての自然数について真になる命題についての証明が書けたり、すべての自然数についての定義が書けます。似た技巧を使うと、すべての整数やすべての分数やすべての実数について語れます。

定義のほうが簡単なので、証明に挑戦する前に1つやってみましょう。どのように定義で帰納法を使うかの例を出すために、足し算を見てみましょう。自然数の足し算をとても簡単に定義できます。足し算は自然数の組からそれらの**合計**と呼ばれる自然数への関数「+」です。形式的には足し算は次の規則で定義されます。

- **可換性(Commutativity)**
  どんな自然数 n と m の組についても
  $n + m = m + n$ が成り立ちます。
- **単位元(Identity)**
  どんな自然数 n についても
  $n + 0 = 0 + n = n$ が成り立ちます。この性質を持つ数 **0** を単位元と呼びます。
- **再帰(Recursion)**
  どんな自然数 m と n についても
  $m + s(n) = s(m + n)$ が成り立ちます。

最後の規則は帰納的な規則で、再帰を使って組み立てられています。再帰は慣れていないうちは難しいので、時間をかけて解きほぐしましょう。

やっていることは、ペアノ算術の後者の規則を使って足し算を定義することです。$m + (n + 1) = (m + n) + 1$ のように、+1 を使ってちょっと書き換えると、読みやすくなります†2。

この式の意味を理解するのに必要なのは、これは**定義**であって**手続き**ではないことを意識しておくことです。つまりこの式は足し算が意味することを記述しているのであって、どのように足し算を計算するかを記述しているのではありません。

最後の規則はペアノの帰納法の規則のおかげでうまくいきます。帰納法の規則がないとしたら、2つの数を足すことが何を意味するのかをどうやって定義したらいいのでしょう？ 帰納法を使うことで、**任意の**2つの自然数についての足し算が何を

†2 [訳注] ここまで $s(n)$ はあくまで形式的なものとして、その意味についてはきちんと説明していませんでした。n の後者 $s(n)$ の自然な意味は「n の次の自然数」となります。そのため $m + s(n) = s(m + n)$ に出てくる $s(n)$ を $n + 1$ に、$s(m + n)$ を $(m + n) + 1$ に置き換えて、「再帰」という性質がどんなことを言っているのかを見ています。

意味するかを語れるようになります。

さてここからは証明です。証明はほとんどの人にとって恐ろしいものですが、恐れる必要はありません。証明は本当はそんなに嫌なものではないので、とても簡単な証明をやってみましょう。

1.2 ペアノの帰納法を使う

自然数とその足し算を使った、単純だけれど面白い証明をこれから説明します。ある自然数 N があったと仮定します。0 から N までのすべての整数を合計するといくつになるでしょうか？ それは、N 掛ける $N+1$ を 2 で割ったものになります。では帰納法の規則を使って、これをどのように証明できるでしょうか？

基底ケース（base case）と呼ばれるものから始めます。基底ケースから始めるのは、帰納法は前提条件なしに証明できるケースから始める必要があり、帰納法はその基底ケースを基礎として組み立てられるからです。帰納法の規則にある 1 つめの条項は、証明したい事実を 0 の場合に示すところから始める必要がある、と言っているので 0 が基底ケースです。0 について証明するのは簡単です。$(0 \times (0+1))/2$ は 0 なので[†3]、さっきの等式は $N = 0$ のときに真となります。これでできました。基底ケースについての証明は完了です。

次は帰納部分です。数 N について命題が真だと仮定します。ここから命題が $N+1$ について真だと証明したいのです。やろうとしていることが帰納法の心髄であり、驚くべき手続きなのです。証明したいのは、その規則が 0 について真だとわかると 1 でも真であるとわかる、ということです。1 について真だとわかると 2 で真であるとわかります。2 について真ならば 3 で真でなければなりません。以下同様です。しかし、それぞれについて個別に証明をする必要があるのは嫌です。そういうわけで「N について真だと仮定すると、$N+1$ について真でなければならない」とだけ言うことにします。この帰納的な構造に変数を入れることで「0 について真ならば 1 について真である。1 について真ならば 2 について真である。などなど」を同時に証明します。

次の式が私たちが証明したいことです。

$$(0+1+2+3+\cdots+n+(n+1)) = \frac{(n+1)(n+2)}{2}$$

はじめに次のことはわかっています。

[†3] ［訳注］ a/b という記法は「分子が a で分母が b の分数」を表します。

$$(0 + 1 + 2 + 3 + \cdots + n) = \frac{n(n+1)}{2}$$

そしてこの式を証明したい式に代入して次の式を得ます。

$$\frac{n(n+1)}{2} + (n+1) = \frac{(n+1)(n+2)}{2}$$

ここで両辺の掛け算を展開します。

$$\frac{n^2 + n}{2} + (n+1) = \frac{n^2 + 3n + 2}{2}$$

左辺の分母を揃えます。

$$\frac{n^2 + n + 2n + 2}{2} = \frac{n^2 + 3n + 2}{2}$$

最後に左辺を整理します。

$$\frac{n^2 + 3n + 2}{2} = \frac{n^2 + 3n + 2}{2}$$

これで完了です。すべての自然数について成り立つことが証明されました。

これが公理版の自然数です。0 以上の数があり、それぞれの数には後者があり、その後者関係を帰納法で使えます。自然数を使ってできるほとんどすべてのことや、子どものときに習った基本的で直感的に理解できる算術の大半は、この性質だけから組み立てられます。

さて最終的に私たちは数とは何かをきちんと言えたでしょうか？ そこそこは言えたんじゃないでしょうか。数学における数についての教訓に「数は 1 つの意味だけを持つのではない」というものがあります。さまざまな種類のものすごく多くの「数」があるのです。自然数、整数、有理数、実数、複素数（complex number）、四元数（quaternion）、超現実数（surreal number）、超実数（hyper real number）、などなどなどなど。それでも数の宇宙全体は、まさに私たちがこの章でやったこと、すなわち自然数から始まります。そして、これらの数の意味は、究極的には量もしくは位置のどちらかに行き着きます。すべて究極的には、基数と順序数、もしくは基数と順序数の集まりなのです。これが、数とは何かという問いの答えです。すなわち、量もしくは位置の概念**から組み上げられた**ものが数なのです。

第02章

整数

自然数は私たちが理解する最初の数です。しかし自然数だけではまったく足りません。私たちの数の使い方を考えてみると、自然数を越える何かがどうしても必要になるでしょう。

お店に行って何かを買うときに、買う物と引き換えに店員にお金を渡します。例えば1斤のパンを3ドルで買えるとします。店員に5ドル紙幣を払うと、お釣りとして2ドル返してくれます。

この状況を理解するだけでも、自然数ではまったく意味が取れないことをやっているのです。お金は2つの異なる方向に流れています。1つはあなたからお店へ、あなたが持っているお金が減る方向です。もう1つはお店からあなたへ、あなたが持っているお金が増える方向です。お金が動く2つの方向の違いは、正の整数と負の整数を使うことで区別できます。

2.1 整数とは何か？

すでに自然数があって、さらに整数が欲しいなら、**足し算についての逆元 (additive inverse)**を付け加えるだけです。自然数について理解していて、さらに整数について理解したいなら、その場合にも**方向**を付け加えるだけいいのです。

数直線のことを思い浮かべてみると、自然数はゼロから始まり右へ進んでいきますが、ゼロより左には何もありません。整数は、自然数から始めて、そこへゼロから反対側に左へと延びていく負の数を付け加えたものです。

整数の意味は方向の概念から出てきます。正の整数は基数も順序数も自然数と同じものを意味します。負の整数があると反対方向へ進んでいけます。基数の観点で考えているとすると、整数を使うと集合間の物の移動について語れるようになります。大きさが 27 の集合と大きさが 29 の集合があったとき、その 2 つの集合を同じ大きさにするには、2 つの対象を 1 つめの集合に付け加えてもいいですし、2 つの対象を 2 つめの集合から取り除くのでもかまいません。1 つめの集合に付け加えた場合、正の基数に関するなんらかの操作をしています。2 つめの集合から取り除いた場合、負の基数に関するなんらかの操作をしています。

順序数では話はもっと簡単です。集合の 3 番めの要素を見ているとして 5 番めの要素を見たいとすると 2 つ先に目を移せばよく、この動作は正の順序整数で記述されます。5 番めの要素を見ているとして 3 番めの要素を見たいとすると 2 つ後ろに目を移せばよく、この動作は負の順序整数となります。

公理的な定義に進みましょう。整数は自然数に**逆元**の規則を付け加えて拡張して得られるものです。自然数の集合 $\mathbb{N}$ から始めましょう。ペアノの規則のほかに、**足し算についての逆元**の定義を付け加える必要があります。ゼロでない自然数の足し算についての逆元は負の数です。整数を得るためには次の規則を付け加えればいいのです。

- **足し算についての逆元（Additive Inverse）**
  どんなゼロより大きい自然数 n についても、自然数**でない**数 $-n$ が 1 つだけあって、n **の足し算についての逆元**と呼ばれ、$n + (-n) = 0$ を満たします。自然数とその足し算についての逆元全体の集合を**整数**と呼びます。
- **逆元の一意性（Inverse Uniqueness）**
  どの 2 つの整数 i と j も、i が j の足し算についての逆元であるのは、j が i の足し算についての逆元であるときで、かつそのときに限ります[†1]。

これらの規則によって何やら新しいものが得られました。自然数として語ってきた値の集合はこれらの規則を満たせません。新しく得られた値である負の整数は、いったいどこからきたのでしょうか？

その答えはややがっかりするものです。負の整数はどこからもきていません。た

[†1] ［訳注］1 つめの規則では正の整数（ゼロより大きい自然数）に対してだけ足し算についての逆元を定義しましたが、2 つめの規則を組み合わせることで負の整数（ゼロより大きい自然数の足し算についての逆元）に対しても同じく足し算についての逆元を定義できます。負の整数 $-n$ は正の整数 n の足し算についての逆元なので、逆元の一意性の規則から正の整数 n は負の整数 $-n$ の足し算についての逆元となります。ゼロの足し算についての逆元の定義は抜けてしまっていますが、ゼロの足し算についての逆元はゼロと定義します。

だそこに**ある**だけです。数学で対象を作ることはできません。記述することしかできません。自然数、整数、実数といった数は存在していますが、それは私たちがそれらを記述する規則を定義し、その規則で何か一貫性のあるものが記述されているからです。

ここまでのことはすべて「整数はゼロと正の整数と負の整数といったすべての数を合わせた全体だ」と言うための凝った方法なのです。

とても素敵なことに、自然数に足し算を定義すれば、逆元の規則だけで整数でも足し算がうまくできるようになります。そして自然数の掛け算は単なる足し算の繰り返しなので、整数に対する掛け算もできるようになります。

2.2 整数を自然に組み上げる

数学的な構成物を作り、自然数の言葉で整数を**表現する(represent)**ことができます。この構成物は、整数の**モデル(model)**と呼ばれます。しかしなんでこんなことをしたいのでしょうか？ それに、モデルとは厳密には何なのでしょうか？

私たちが示そうとしているのは、新しく作った整数のような何か新しいもののモデルにおいて、定義した公理に従う対象を作る方法がある、ということです。そのために、すでに存在するとわかっているものを積み木として使います。この積み木を使って、新しい体系の公理を満たす対象を組み立てます。例えば、整数を組み上げるために、既知で理解している自然数という対象から始めることにします。それらを使い、整数を表現する対象を作っていくのです。モデル内のそれらの対象が、自然数の公理を満たすことを示せれば、私たちが定義した整数には不整合がないことがわかります。

なぜこんな手順を踏む必要があるのでしょうか？

モデルのような構成物を組み立てることには、2つの理由があります。1つめの理由は、モデルによって公理が意味を持つことが示せることです。公理の集合を書くときには、ついうっかり不整合のある方法でモデルを書いてしまって失敗することがよくあります。モデルのおかげで、そうなっていないことが証明できるのです。一見すると筋が通っているけれど、微妙に不整合がある公理の集まりを書けてしまいます。もし不整合があれば、定義した対象は存在しません。抽象数学という意味でさえ存在しないのです。さらに悪いことに、その不整合がある対象を存在するものとして扱ってしまうと、導き出したすべての結論が価値のないものとなってしまいます。整数が存在するのは、整数が定義でき、その定義に一貫性があるからだ、と前に言いました。モデルが作れることを示さないと、定義に本当に不整合がないことを確信できません。

もう1つの理由はそれほど抽象的な話ではありません。モデルがあることで理解が簡単になり、組み立てている体系がどのように動くかを記述するのも簡単になるというのが、2つめの理由です。

モデルの話に行く前に、最後の忠告を1つだけ。私たちがやっていることは、整数の**ある**モデルの作成であり、整数の**唯一の**モデルの作成ではありません。この点を押さえておくのが本当に重要です！ ここで説明しているのは、整数を表現する1つの方法です。整数は、ここで示す表現そのものではありません。多くの表現が可能であり、その表現が公理に適合する限りは、どの表現を使ってもかまいません。モデルとモデル化されているものとの違いは、とらえにくいですが非常に重要です。整数は公理で記述される対象であって、私たちが組み立てているモデルではありません。モデルは単なる表現なのです。

整数を表現する一番単純な方法は自然数の組 (a, b) を使うことです。組 (a, b) で表現される整数は $(a - b)$ という値です。すると、すぐわかるように、$(2, 3)$、$(3, 4)$、$(18, 19)$、$(23413, 23414)$ はすべて同じ数を表現しています。数学用語では、整数は自然数の組の**同値類（equivalence class）**で構成される、と言います。

しかし同値類とはなんでしょうか？

整数のモデルを組み立てるような場合によく使う方法では、それぞれの整数に対してぴったり1つとは限らない対象を作成します。モデル化しているものの各対象ごとに、モデルの中で同値な値どうしの集合が対応するようにモデルを定義します。その同値な値のひとまとまりを同値類と呼びます。

私たちの整数のモデルでは、それぞれの具体的な整数をモデル化するために自然数の組を作っています。2つの組 (a, b) と (c, d) は、$(4, 7)$ と $(6, 9)$ のように、1つめの要素から2つめの要素への間隔が同じ距離で、数直線上の向きも同じときに、同値になります。数直線上では、4から7へ行くには右へ3歩進む必要があります。6から9へ行くときにも右へ3歩進む必要があり、これらは同じ同値類に属します。しかし $(4, 7)$ と $(9, 6)$ を見てみると、4から7へは右へ3歩ですが9から6へは左へ3歩です。なので、これらは同じ同値類には**属しません**。

ここで与えた表現を使うと、さまざまな演算を整数に適用したときの意味を自然数における演算の意味の言葉で理解するのが簡単になります。私たちは自然数での足し算の意味を理解しているので、整数での足し算を定義するのに自然数での足し算が使えるのです。

私たちの整数のモデルから対象を2つ取ってきたとします。それぞれ $M = (m_1, m_2)$、$N = (n_1, n_2)$ という具合に、自然数の組として定義されています。これらに対する足し算と引き算は次の規則で定義されます。

- $M + N = (m_1 + n_1, m_2 + n_2)$

- $M - N = (m_1 + n_2, m_2 + n_1)$
- $-N$ と書かれる数 $N = (n_1, n_2)$ の足し算についての逆元は、単に $-N = (n_2, n_1)$ のように組の中身を逆にするだけです。

引き算の定義はとてもすっきりしています。$3 - 5$ は $(3, 0) - (5, 0)$ のことで、これは $(3, 0) + (0, 5) = (3, 5)$ に等しく、-2 を表す同値類の要素となります。そして足し算についての逆元の定義は、引き算を定義した方法から $-N = 0 - N$ と自然に出てきます。

自然数から整数を得るためはこれだけで十分です。単に足し算についての逆元を付け加えるだけです。自然数の範囲内でも引き算はできますが、なんらかの意味で足し算についての逆元を要求するのとほぼ等しく、これは非常に汚いものになります。

問題は、自然数の範囲だけではどんな 2 つの値にも適用できる演算としての引き算を定義**できない**ことでしょう。何しろ、3 から 5 を引くとすると、その結果を自然数の範囲では定義できないのですから。しかし整数では、引き算は本当の意味で汎用の演算です。どんな 2 つの整数 M と N についても $M - N$ は整数になります。形式的な用語で言うと、「引き算は整数上の**全域関数（total function）**であり、整数は引き算について**閉じている（closed）**」ということです。

しかしここからさらに次の問題へつながっていきます。整数の足し算を眺めると、引き算の中に自然な逆演算があり、引き算は整数の足し算についての逆元で定義できます。次のありふれた演算である掛け算に進んでいくと、自然数と整数には掛け算を定義できますが、その逆演算である割り算は定義できません。というのは、整数の上で掛け算についての逆元を定義できる方法がないからです。割り算を矛盾なく定義された演算として記述するには、別の種類の数である有理数が必要になります。次の章はその有理数の話です。

第03章

実数

もうすでに自然数と整数については知っています。これはなかなかいい滑り出しです。しかし、このほかにも多くの種類の数があります。分数もあれば無理数もあります。まだまだありますが、それについては後にしましょう。さて数を理解する次の段階は、1/2、−2/3、π のような、整数どうしの隙間に入り込んでいる、整数でない部分を持つ数を見てみることです。

今から見ていくのは、これまでの数とは違う種類の数、つまり整数でない部分を持つ数、あるいは**実数**（real number）として知られる数です。

詳細に入る前に、私は「実数」という用語が大嫌いだとはっきり言っておく必要があります。この用語は、他の種類の数が現実的でないことをほのめかしていますが、それはばかげているし、不快だし、もどかしいし、正しくありません。実数という用語は、もともとは第 8 章で話す**虚**数に対応するものとして作り出されました。虚数という名前には、その数の概念を貶める意図があったのです。しかし、**実数**という用語はその地位がすっかり確立しているので、どうしても使わざるをえません。

実数を記述する方法はいくつかあります。そのうち 3 つを紹介しましょう。1 つめは形式ばらない**直感的な**説明、次が**公理的な**定義、そして最後が**構成的な**定義です。

3.1 実数を形式ばらずに

形式ばらない**直感的な**方法で実数を描写するのは、小学校で習った数直線という方法です。両方向に無限に延びていく線を想像してみてください。その上のある場所を選んで 0 というラベルを付けます。0 の右側に 2 つめの場所を選んで区切り、そこに 1 というラベルを付けます。0 と 1 の距離は隣り合う整数の距離になります。そして同じ距離だけ右へ進み別の印を付け、さらに 2 というラベルを付けます。これを好きなだけ続けます。そして 0 の左へ進み始めます。最初の印が −1、2 つめが −2、以下同様です。これが基本的な数直線です。図 3.1 にそのような数直線の 1 つを描いておきました。あなたが見ているこの線のどの位置も**実在の**実数なのです。0 と 1 の真ん中は実数 1/2 です。0 と 1/2 の真ん中は実数 1/4 です。この分割は永遠に続けられます。どの 2 つの実数の間にも常に実数が見つかります。

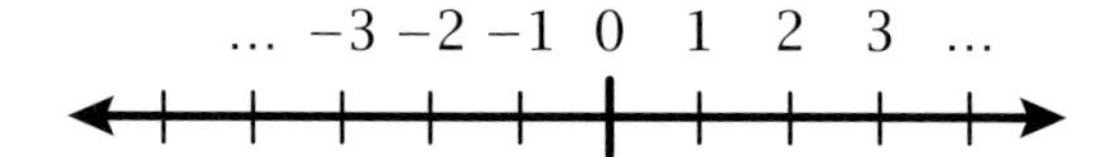

▶ 図 3.1　数直線：実数は 無限に長い直線上の 0 の左右に広がる点で表されます。

数直線を使うと、実数の重要な特性のほとんどの記述が非常に的確で直感的になります。足し算、引き算、順序、連続性の概念はどれも非常に明確です。掛け算は技巧的に思えるかもしれませんが、これも数直線の観点で説明できます（その方法の考え方を知るには、計算尺についてのブログの投稿を見てください[†1]）。

数直線で最初に得られるのは本当は実数ではありません。それは**有理数（rational number）**です。有理数は、単純な分数で表現される数、つまり整数どうしの**比**の集合です。1/2、1/4、3/5、124342/58964958 などが有理数です。数直線を眺めているときは、通常は有理数の観点から考えています。何段落か前に数直線について「この分割は永遠に続けられます。どの 2 つの実数の間にも常に実数が見つかります」という説明をしたことをちょっと考えてみてください。この分割の手順からは常に有理数が得られます。どんな分数を何等分しても結果はやはり分数です。有理数と整数を使って何回分割をしても有理数以外のものは絶対に得られません。

しかし有理数をもってしても埋められない**隙間**が残っています（私たちはこの隙間に入り込む数をいくつか知っています。おなじみの π や e のような無理数です。無理数については第 4 章で、特に e については第 6 章でより詳しく見ていきます）。

[†1] `http://scientopia.org/blogs/goodmath/2006/09/manual-calculation-using-a-slide-rule-part-1`

有理数を見ていると、どうやったら隙間なんてできるのか理解しがたいです。何をしようと2つの有理数の距離がどれだけ小さくても、その2つの有理数の間に無限個の有理数を割り込ませられます。どうやったら隙間なんてできるのでしょうか？極限が存在する有理数の数列を簡単に作れて、その極限が有理数になるとは限らない、という現象がその答えです。

適当な有限個の有理数の集まりを作り、それらを足し合わせます。その合計は有理数です。しかし無限個の有理数の集まりも定義できて、それらを足し合わせたとき、結果が有理数**とは限りません**！ これがその例です[†2]。

$$\pi = \frac{4}{1} - \frac{4}{3} + \frac{4}{5} - \frac{4}{7} + \frac{4}{9} - \frac{4}{11} + \cdots$$

この級数の項は明らかにすべて有理数です。この計算を最初の2つの項まで、3つの項まで、4つの項までと続けていくと、$4.0, 2.666\ldots, 3.4666\ldots, 2.8952\ldots,$ $3.3396\ldots$ となり、100000項までで3.14158くらいになります。さらに続けていくと、はっきりとある値に収束していきます。しかし、この級数の和になるような有限個の有理数の数列はありません。この級数の和である値が何か存在し、それはもちろん数です。そして何をどうやっても、その数がなんらかの有理数にぴったり一致することは絶対にありません。その数はいつもなんらかの2つの有理数の間のどこかにあります。

実数は、整数と有理数と、それから有理数の隙間に入り込んでいる奇妙な数でできています。

3.2 実数を公理的に

公理的な定義は、さまざまな面で数直線による定義とかなり似ていますが、非常に形式的な方法で目的を達成します。**公理的な**定義では、実数を得る方法はわかりません。簡潔な集合論と論理を利用した規則を使って実数を記述するだけです。

実数みたいなものは、いくつかの構成物が組み合わさって定義されますが、そのようなものを組み立てるときに数学者が好むのは、それらをひとまとめにした**対象**を定義しているんだ、という言い方です。そこで実数を**タプル(tuple)**として定義します。タプルで構成すること自体には深い意味はありません。タプルを使うのは構成物を寄せ集めて1つの対象にする方法にすぎません。

実数はタプル $(\mathbb{R}, +, 0, \times, 1, \leq)$ で定義され、「$\mathbb{R}$」はある無限集合、「$+$」と「$\times$」は $\mathbb{R}$ の要素に対する2項演算子、「0」と「1」は $\mathbb{R}$ の特別なほかと区別される要素、

[†2] ［訳注］ この式は「ライプニッツの公式」と呼ばれる級数です。

「≤」は ℝ の要素上の2項関係です。

このタプルの要素は、**体の公理(field axioms)**と呼ばれる公理の集合を満たさなければなりません。実数は、**体(field)**と呼ばれる数学的構造の正統的な例です。体は、数学のありとあらゆるところで使われる基礎的な構造です。これは基本的には、代数学を行うために必要な構造です。体は、**体の公理**の集合で公理的に定義します。体の公理は少し難しいので、いっぺんに見るのではなく、次の節で一つひとつたどって行きましょう。

実数の公理、第1部：足し算と掛け算

最も基本的な公理から始めましょう。実数（そしてすべての体）には2つの重要な演算があります。足し算と掛け算です。この2つの演算は、決まったやり方で一緒に動作する必要があります。

- $(\mathbb{R}, +, \times)$ は体。これは次のことを意味しています。
    - ℝ は「+」と「×」について閉じていて、「+」と「×」は全域的であり、上への関数になっています。**閉じている**とは、どんな実数 r と s の組についても、それを足し合わせたり掛け合わせたりした $r+s$ と $r \times s$ が実数になる、ということです。**全域的**とは、どんな実数 r と s の組についても、$r+s$ のように足したり $r \times s$ のように掛けたりできるということです（わざわざこんなことを言うのはばからしいと思うかもしれませんが、思い出してください。すぐに割り算の話題が出てきますが割り算は全域的ではありません。0では割れないからです）。最後に**上への関数**とは、どんな実数 x でも実数の組 r と s および t と u が見つかり、$r+s=x$ と $t \times u = x$ を満たすということです。
    - 「+」と「×」は可換、つまり $a+b=b+a$ と $a \times b = b \times a$ を満たします。
    - 「×」は「+」について分配的です。つまり、$(3+4) \times 5 = 3 \times 5 + 4 \times 5$ ということです。
    - 0は「+」における唯一の単位元です。すべての a について $a+0=a$ を満たします。
    - 集合 ℝ のすべての要素 x について、x の**足し算についての逆元**と呼ばれる**きっちり1つ**の値 $-x$ があり、$x+(-x)=0$ を満たします。なお、ℝ の場合には、すべての $x \neq 0$ について $x \neq -x$ となります。
    - 1は「×」における唯一の単位元です。すべての a について $a \times 1 = a$ を満たします。

- 0 を除くすべての実数 x について、x の**掛け算についての逆元 (multiplicative inverse)** と呼ばれるきっちり 1 つの値 x^{-1} があり、$x \times x^{-1} = 1$ を満たします。なお、$\mathbb{R}$ の場合には、x が 1 もしくは -1 でなければ、x と x^{-1} は等しくありません。

この性質をすべて日本語に変換すれば、そんなに難しい内容ではありません。単に足し算と掛け算が学校で習ったとおりの働きをするといっているだけです。学校ではこれが数の働きだと教わりましたが、今は仕様として明示的に公理を述べているところが違います。実数はこんなふうに動作する**から**実数なのです。

実数の公理、第 2 部：順序

次は実数には順序があるという事実についての公理です。基本的には、2 つの実数が等しくなければ一方は他方より小さい、ということを形式的に言う公理です。

- $(\mathbb{R}, \leq)$ は全順序集合です。
  1. すべての実数 a と b について、$a \leq b$ または $b \leq a$（両方の場合は $a = b$）となります。
  2. 「$\leq$」は推移的です。つまり $a \leq b$ かつ $b \leq c$ ならば $a \leq c$ となります。
  3. 「$\leq$」は反対称的です。つまり $a \leq b$ かつ $a \neq b$ ならば $b \leq a$ は真とはなりません。
- 「$\leq$」は「$+$」および「$\times$」と**両立します (compatible)**。
  1. $x \leq y$ ならば $(x + 1) \leq (y + 1)$ となります。
  2. $x \leq y$ ならば、$0 \leq z$ であるすべての z について $(x \times z) \leq (y \times z)$ を満たします。
  3. $x \leq y$ ならば、すべての $z \leq 0$ について $(y \times z) \leq (x \times z)$ を満たします。

実数の公理、第 3 部：連続性

さて、難しいところに入ってきました。実数についての技巧的な部分は、実数が連続的という事実で、これはどの 2 つの実数が与えられてもその間に無限個の実数があるということを意味します[†3]。そしてその無限に大きい実数の集まりの中でも全順序が成立しています。それを言うためには**上界（upper bound）**[†4]という言葉で語る必要があります。

- $\mathbb{R}$ のすべての空でない部分集合 S について、S に上界があるなら**上限（最小の上界、least upper bound）**である l があり、これは S の上界となるどんな実数 x についても $l \leq x$ を満たします。

これは要するに、実数の集まりがあったとき、どれだけ近くに集まっていてもどれだけ離れていても、その集合のすべての要素と比べて同じか大きい数のうち一番小さいものが存在する、ということです。

以上で、実数の極度に簡約化した公理的な定義は全部です。この定義は、実数が持たなければならない特性を、命題という形式的で論理的に書き出せる形態を使って記述しています。この記述に当てはまる値の集合は定義のモデルと呼ばれます。この定義に当てはまるモデルが存在すること、この定義に当てはまるすべてのモデルが同等であることを示せます。

3.3 実数を構成的に

最後は**構成的な**定義です。構成的な定義とは、実数の集合を作るための手続きのことです。実数は、いろいろな集合の和集合であると見なせます。

最初に整数から始めます。すべての整数は、整数として持っていた性質を満たしたまま、実数でもあります。

次に分数（形式的な呼び方では**有理数**）を加えます。有理数は、**比**と呼ばれる、0でない整数の組で定義されます。比 n/d は、d を掛けると n になる実数を表します。この方法で組み上げられる数の集合には 1/2、2/4、3/6 などの同値な値が出てくることになります。整数でやったように、比の**同値類**の集合として有理数を定義します。

有理数の同値類を定義する前に、他の必要なものをいくつか定義する必要があります。

1. (a/b) と (c/d) が有理数であれば、$(a/b) \times (c/d) = (a \times c)/(b \times d)$ とな

---

†3 ［訳注］この連続的の説明では有理数も当てはまってしまいます。正しくは「数直線のどこを指しても実数が存在する」という意味です。これは有理数では成立しない性質です。

†4 ［訳注］ある順序集合 X の部分集合 A の上界 x とは、A の任意の元 a に対して $a \leq x$ が成り立つ X の元のことです。

ります。

2. 0を除くすべての有理数について、**掛け算についての逆元**と呼ばれる有理数があります。a/b が有理数であれば、掛け算についての逆元は $(a/b)^{-1}$ と書かれ、これは (b/a) です。どの2つの有理数 x と y についても $y = x^{-1}$（y が x の掛け算についての逆元）であれば、$x \times y = 1$ となります。

掛け算についての逆元の定義を使って比の同値関係を定義できます。2つの比 a/b と c/d が同値になるのは、$(a/b) \times (c/d)^{-1} = 1$ のとき、つまり、1つめの比に2つめの比の掛け算についての逆元を掛けて1になるときです。比の同値類は有理数であり、すべての有理数は実数でもあります。

これで有理数の完全な集合が手に入りました。便利なように、有理数の集合を $\mathbb{Q}$ を使って表します。ここにきてちょっと行き詰まってしまいました。無理数があることは知っています。無理数は公理的に定義できて、それは実数の公理による定義を満たします。しかし今は無理数を構成する必要があります。どうすればいいでしょうか？

数学者は、実数を組み上げるために自在に使えるトリックをたくさん持っています。これから使うトリックは、**デデキント切断（Dedekind cut）**と呼ばれるものに基づいています。デデキント切断は、集合の組 (A, B) で実数 r を表せる数学的対象です。A は r より小さい有理数の集合で、B は r より大きい有理数の集合です[†5]。有理数の性質から、この2つの集合は非常に独特の特性を持ちます。集合 A はある数 r **より小さい**値を含む集合ですが、A には**最大値**がありません。集合 B も同様で、B には**最小値**がありません。r はデデキント切断の2つの集合に挟まれた隙間にある数なのです。

ここからどうやって無理数が得られるのでしょうか？ 単純な例としてデデキント切断を使って2の平方根を定義しましょう。

$$A = \{r : r \times r < 2 \text{ or } r < 0\} \qquad B = \{r : r \times r > 2 \text{ and } r > 0\}$$

デデキント切断を使うことで実数を構成的に定義するのが簡単になります。実数の集合は有理数によるデデキント切断を使って定義できる数の集合だ、といえます。

[†5] ［訳注］ここでは r は無理数であると仮定しています。r が有理数の場合は r が A と B のどちらか一方だけに含まれるように A と B を定義します。

足し算、掛け算、大小の比較が有理数に対してうまく機能することは知っています。そのため有理数は体となり、有理数は全順序を持ちます。デデキント切断もそれらとうまく噛み合うことを示す方法の雰囲気をつかんでもらうために、デデキント切断の言葉で足し算、等価性、順序の定義を示しましょう。

- **足し算**
  2つのデデキント切断 $X = (X_L, X_R)$ と $Y = (Y_L, Y_R)$ の合計 $X + Y$ が (Z_L, Z_R) だとすると、$Z_L = \{x+y : x \in X_L$ かつ $y \in Y_L\}$ と $Z_R = \{x+y : x \in X_R$ かつ $y \in Y_R\}$ を満たすことが証明されます。
- **等価性**
  2つのデデキント切断 $X = (X_L, X_R)$ と $Y = (Y_L, Y_R)$ が等しいのは、X_L が Y_L と等しく、かつ X_R が Y_R と等しいときで、かつそのときに限ります。
- **順序**
  2つのデデキント切断 $X = (X_L, X_R)$ と $Y = (Y_L, Y_R)$ があったとき、X が Y より小さいか同じになるのは、X_L が Y_L の部分集合、かつ Y_R が X_R の部分集合のときで、かつそのときに限ります。

ここまでで私たちは実数を定義し、実数の良いモデルを組み上げる方法を示し、実数という最もなじみ深い数の実体と、それが数学的にどう機能するのかを理解するところまでたどり着きました。これで本当に数を理解したと感じているかもしれません。しかし実はそうではないのです。数はまだまだ驚きに満ちています。次に出てくる話題をすごく簡単に言うと、ほとんどの数が**書けない**ということが判明するのです。ほとんどの数は数字が無限に続き、書き下せないのです。実はほとんどの数は、名前を付けることすらできません。そういう数を見つける計算機プログラムも書けません。現実に存在する数なのに、個別に指し示したり、名前を付けたり、記述したりできないのです！ 次の節ではこの厄介な事実の根源である**無理数(irrational numbers)**について見ていきます。

第04章

無理数と超越数

数学の歴史には多くの数学者の失望がありました。数学者はいつも、数学は美しく、優雅で完璧なものだという考えから出発します。数学者は数学を追いかけ、そして結局は期待どおりではなかったことに気づくのです。

その過程で、対処が必要な奇妙な数である無理数と超越数が発見されました。両方ともそれを発見した数学者にとっては巨大な失望でした。

4.1 無理数とは何か？

無理数から始めましょう。整数でも 2 つの整数の比でもない数があります。その数は普通の分数では書けません。連分数（これについては第 11 章で説明します）で書くと、永遠に続きます。十進数の形式で書くと、循環することなく永遠に続きます。この数は比で書けないために無理数と呼ばれます。多くの人々は筋が通らない数だから無理数なんだと主張していますが、それは単なる後付けのこじつけです[†1]。

[†1] ［訳注］「有理数（rational number）」や「無理数（irrational number）」にある「rational」という言葉には、「筋の通った、理にかなった」という意味と「比（ratio）で書ける」という意味があります。「有理数」や「無理数」と訳してしまうと「筋の通った」の意味に聞こえるので「有比数」や「無比数」と訳すほうが良かった、という話題はいくつかの本で見られます（例えば吉田武 著“オイラーの贈物 人類の至宝 $e^{i\pi} = -1$ を学ぶ”（東海大学出版会、新装版、2010 年）の「1.1.2 実数」の脚注 5 にあります）。

無理数は筋は通っていますが、しっくりこない嫌なものと考える数学者もたくさんいます。無理数が存在するということは、書き下すことができない数があるということで、これは不愉快な事実です。無理数を使うときは絶対にぴったり正確にできません。無理数は厳密には書き下せないので、常に近似値を使うことになります。無理数のある表現を使って計算をするときはいつでも近似的な計算をしていて、近似的な答えしか得られません。無理数を記号的に扱わない限り、それがかかわる計算が厳密に解けることはありません。完璧であること、数が正確で完璧な世界を求めているなら、その追求にゴールはないのです。

超越数(transcendental numbers)はさらに辛いものです。超越数は無理数ですが、超越数は整数の比として書けないだけでなく、十進数の形式が循環することなく永遠に続くばかりか、代数的な操作で記述できない数なのです。2の平方根のような無理数がありますが、これは代数方程式を使って簡単に定義できます。2の平方根は $y = x^2 - 2$ における $y = 0$ のときの x の値です。2の平方根は十進数や分数では書けませんが、さっきの単純な方程式を使って書けます。超越数を調べているときにはそれすらもできません。どんなふうに有限個の足し算、引き算、掛け算、割り算、指数、累乗根を繰り返しても超越数の値は得られません。2の平方根は代数的に記述できるので超越的ではないですが、e は超越的です。

4.2　無理数に「あー！」となる瞬間

言い伝えによると、無理数に関係する最初の失望は紀元前約500年のギリシャで起きました。ピタゴラス（Pythagoras）学派に属していたヒッパソス（Hippasus）という名前のかなり才能のある男がいて、累乗根について研究していました。彼は2の平方根が整数の比で書けないことの幾何的な証明を発見しました。そしてそれを師であるピタゴラスに見せました。ピタゴラスは他の多くの数学者と同じように数は清く完璧であると強く信じていて、無理数の概念を受け入れられませんでした。しかしヒッパソスの証明を解析した結果どこにも誤りを見つけられず、ピタゴラスは非常に怒り、かわいそうなことにヒッパソスを**溺死させてしまいました**。

数百年後、エウドクソス（Eudoxus）は無理数の基礎理論を作り上げ、この理論はユークリッド（Euclid）の数学書の一部として発表されました。

このときから無理数の研究は2000年近くほとんど姿を見せなくなりました。17世紀になってようやく人々は無理数を再び調べ始めるようになりました。そして再び失望する結果になりましたが、このときは少なくとも誰も殺されませんでした。

無理数を受け入れることで、世界を把握する手段としての数の概念はまさに崩れ去りました。円周の長さを計算するようなことさえ正確にはできないのです。しかし数学者たちは数学の完璧さに見切りはつけませんでした。数学における数の完璧さの意味について、代数学に基づく新しい概念を提唱しました。このとき数学者たちは、すべての数を比として書けないかもしれないが、すべての数は代数を使って記述できるという理論を打ち立てました。彼らが考えたのは、整数、有理数、無理数のどんな数に対しても、有理数を係数とする有限な多項式の方程式があり、その数が解となる、ということでした。もし数学者たちが正しければ、有限個の足し算、引き算、掛け算、割り算、指数、累乗根を使って、どんな無理数でも計算できます。

しかし期待は外れました。ドイツの哲学者にして数学者、そして社交家であったゴットフリート・ヴィルヘルム・ライプニッツ（Gottfried Wilhelm Leibniz、1646-1716）が代数と数について研究をしていて、「代数的な無理数は多いが、代数的でない無理数も多く存在する」という不運な事実を発見したのです。ライプニッツは正弦関数を使って間接的にこの事実を発見しました。正弦とは三角法の基本的な演算の1つで、直角三角形の2辺の比のことです。正弦関数は実世界に影響する解析幾何の基礎概念の1つで、人為的に作った変な関数なんかではありません。しかしライプニッツは、ある角度の正弦が代数を使っても計算できないことを発見しました。正弦を計算する代数的な関数はないのです。ライプニッツは正弦関数が代数を超越していることから、これを超越関数と呼びました。超越**数**そのものではありませんでしたが、超越関数によって、数学には代数では扱えないものがあるという考えが導入されたのです。

ライプニッツの仕事に基づいて、フランスの数学者ジョセフ・リウヴィル（Joseph Liouville、1809-1882）は、代数を使っては計算できない数を簡単に組み上げる方法を発見しました。例えば彼にちなんでリウヴィル数と呼ばれている数は、連続する0と1から構成されていて、数字の x に対して 10^{-x} が1になる[†2]のは $n! = x$ となるような整数 n があるときだけ、という数です。

数学者たちは、もう一度、数の美しさを取り戻そうとしました。そして彼らは「超越数は存在しているが必ず**構成**されなければならない」という新しい理論に行き着きました。代数的に計算できない数があったとしても、それらはすべて不自然なもので、人間が異常な数となるように特別に設計したものだと理論づけたのです。そんな数は**自然**ではない、と。

しかしそれすらうまくいきませんでした。そんなに時間が経たないうちに e が超越的であることが発見されました。そして第6章で見るように e はごく自然で避けることのできない定数なのです。この数は絶対に不自然な創造物ではありません。e に続いて他のさまざまな数も超越的であることが示されました。ある驚くべき証明では、e を使って π が超越的であることが示されました。e が超越的だとわかっ

[†2] ［訳注］ 小数点以下 x 桁めが1になるということです。

てから発見された特性の1つに、超越数の超越数でない数によるべき乗は超越的、というものがあります[†3]。$e^{i\pi}$ の値は超越的ではない（これは -1 です）ので、π は必ず超越的になります。

この分野のさらに辛い失望はすぐにやってきました。この時代の最も素晴らしい数学者の一人であるゲオルグ・カントール（Georg Cantor、1845-1918）は、無理数について研究しているときに、第16章で見ることになる悪名高い「カントールの対角化」に行き当たりました。これによって、代数的な数よりも超越数のほうが多いことが示されました。美しくなく正確に計算もできない数があるばかりか、**ほとんどの**数が美しくなく正確に計算もできないということになります。

4.3 何を意味していて、何が問題なのか？

無理数と超越数は至るところにあります。ほとんどの数は有理数ではありません。ほとんどの数は代数的ですらありません。ほとんどの数が書き下せないなんて、とても奇妙な話です。

もっと奇妙なことに、ほとんどの数が超越的だとカントールのおかげでわかっているのに、ある特定の数が超越的だと証明するのが信じられないほど難しいのです。ほとんどが超越数なのに、どれが超越数なのかさえわからないのです！

これは何を意味しているのでしょうか？ 私たちの数学の奥義が、信じているほどすごくはないということです。ほとんどの数は私たちの能力を超えています。無理数もしくは超越的だと判明している興味深い数としては次のようなものがあります。

- **e**
  超越的
- **π**
  超越的
- **2の平方根**
  無理数だが代数的
- **平方数でないすべての x についての x の平方根**
  無理数だが代数的

[†3] ［訳注］これは「リンデマンの定理」と呼ばれる定理から示されます。

- **平方数でないすべての x についての $2^{\sqrt{x}}$**
  超越数[†4]
- **チャイティンの定数 Ω**
  超越的

興味深いのは超越数どうしがどのように作用し合うのかについてほとんど何もわかっていないことです。何かが超越的だということの証明が難しいとしても、最もよく知られた超越数でさえ組み合わせてみるとどうなるのかはほとんどわかっていません。$\pi + e$、$\pi \times e$、πe、e^e はすべて超越的かどうか**わかっていない**数です。実は $\pi + e$ については無理数かどうかもわかっていません！

数についてはこれで完了です。数についての理解は実はとても浅く、簡単で基本的な話に思っていることでさえ自分で思っているほどには理解していないのです。そして数の研究を続けていても状況が改善するわけでもありません。数に筋が通っていてほしいと思っている人々にとっての失望は起こり続けます。最近、グレゴリー・チャイティン（Gregory Chaitin、1947–）という名前の面白い奴（そして私の前職の同僚）が、無理数が思ったよりも辛い状況にあることを示しました。ほとんどの数が有理数でないだけでなく、ほとんどの数が代数的でないだけでなく、ほとんどの数は**どうやっても記述すらできない**のです。ほとんどの数が書き下せないというのはそれほど大きな驚きではありません。なぜなら、どんな無理数も本当の意味では書き下せず、取りえる最良の手段は良い近似値を書くことであるとすでに知っているからです。ところが実際には、ほとんどの数は、その説明も方程式もそれを生成する計算機プログラムも書けないのです。正確に特定できないので名前も付けられません。そういった数が存在しているのはわかるのですが、記述したり特定したりするすべが一切ないのです。これは驚くべき考えです。この話題に興味があるなら、ぜひチャイティンによる “数学の限界”[1] という本を読んでみてください。

---

†4 ［訳注］「a を 0 でも 1 でもない代数的な数、b を代数的な無理数としたとき、a^b は超越的」という事実が証明されていて、ゲルフォント・シュナイダーの定理（Gelfond-Schneider theorem）と呼ばれています。2 は 0 でも 1 でもない代数的な数であり、$\sqrt{x}$ は x が平方数でなければ代数的な無理数になるので、この定理より $2^{\sqrt{x}}$ が超越的だとわかります。

第 II 部

変わった数

数について考えているとき、たとえ抽象的に考えているとしても、普通はペアノ算術のような公理的な定義を考えているわけではありません。具体的な数と、それを表す記号について考えています。

数学的な観点から見ると、いくつかの数から重要なことがわかります。例えば 0 という数は、何千年もの間、数だとは見なされていませんでした。しかし人々がゼロについて理解したとたん、全世界をすっかり変えてしまいました！

この部では数学者や科学者が使う特別な数をいくつか見ていきます。それらの数によって、世界についての興味深いことや、私たち人類が世界をどう理解しているかがわかるからです。その特性にときどき驚かされるので、筆者はこれらの数を**変わった**数と呼んでいます。

第05章

ゼロ

奇妙な数を見るにあたって開始地点はやっぱりゼロです。ゼロは奇妙な数には思えないかもしれませんが、それはゼロに慣れているからです。しかしゼロの概念は本当に奇妙です。数がどんな意味を持つと言ったかを思い浮かべてください。基数と順序数という観点で考えているとして、数を数えることや位置という視点ではゼロは何を意味しているでしょうか？

順序数としてある集まりの中でゼロ番めの対象とは何を意味するのでしょうか？そして基数としてのゼロとは何なのでしょうか？ 何か物が1個あってそれを数えることはできます。何か物が10個あってそれを数えることはできます。しかし何かが0個あるとはどういうことなのでしょう？ それは何もないということです。それならばどうやったら数えられるのでしょうか？

それでもゼロの概念や数字の0がないと、数学の世界と呼ぶもののほとんどが崩壊してしまいます。

5.1 ゼロの歴史

ゼロの意味を追跡するにあたり、ちょっとした歴史から始めましょう。そうです、ゼロに至る現実の歴史があるのです！

時間をさかのぼり、人々が数を使い始めたころの様子をのぞいてみると、ゼロの概念を持っていないことがわかります。数は、まさに実用的な道具、主に量を測るための道具として始まりました。数は「どれくらいの穀物が貯蔵されているのか？」や「今このくらい食べてしまっても、次の季節の作物の収穫高は十分だろうか？」といった問いに答える目的で使われていました。このような文脈で数を使うことについて考えてみると、ゼロを**測定**することにはあまり意味がありません。測定が意味を持つのは何か測る物があるときです。

現代数学において測定に数学を応用するときでさえ、数字の前に続いているゼロは、それが測定値であっても有効数字とは見なされません（科学的な測定で**有効数字(significant digit)**といったら、測定値がどれだけ正確なのか、何個の数字が計算で使えるかを記述する方法のことです。測定値の有効数字が 2 桁だとすると、その測定値を使った計算の結果では、意味のある数字は 2 桁しかありません）。ある岩の重さを測定し、99 グラムあったとすると、測定値には 2 桁の有効数字しかありません。同じ目盛を使ってほんのわずかだけ大きい岩の重さを測定し 101 グラムあったとすると 2 つめの岩の測定値には 3 桁の有効数字があります。数字の前にゼロが付いていても関係ありません。

ゼロに対する昔の人の態度はアリストテレス（Aristotle、紀元前 384 – 紀元前 322）を見ればわかります。アリストテレスは古代ギリシャの哲学者であり、彼の著作は現代でもヨーロッパの知の伝統の基礎として研究されています。アリストテレスのゼロについての考え方は、どうしてゼロが昔の数の体系にほとんど含まれていないのか、その背景を説明する完璧な見本です。彼は、ゼロを無限大に対比されるものとして見ていました。アリストテレスは、ゼロも無限大も、数や数え上げの概念に関係する純理論的な考え方だが実際には数そのものではない、と信じていました。

アリストテレスは、ゼロのことを無限大のように到達できないものであるとも考えていました。彼は数が量であると考えていました。量であるならば明らかに何か 1 つ取ってきて半分に切り取れば元の半分になります。それを再び半分を切り取ると 4 分の 1 になります。アリストテレスと同時代の人たちはこの半分にする手順を 1/4、1/8、1/16 と以下同様に永遠に続けていけると考えました。手元に残った物の量はどんどん小さくなり、どんどんゼロに近づいていきますが、実際にはゼロには絶対に到達しません。

アリストテレスのゼロの見方は筋が通っています。結局、何かがゼロなら何もないので、何かをゼロだけ持つことは実際にはできません。ゼロを持っているとき、何かの量を実際には持っていません。ゼロとは、物がないということです。

ゼロが最初に使われたのは、数としてではなく、数の表記における数字記号としてでした。バビロニア人は六十進数の数の体系を使っていました。1 から 60 までの数の記号があったのです。60より大きな数では、私たちが十進数でやっているような位取りの体系を使っていました。その位取りの体系では、数のない位は空白のままにされていました。その空白が彼らのゼロでした。こうして、ある文脈における記録可能な量として、ゼロという考え方が導入されたのです。後に彼らは、スラッシュの組（//）のような記号をプレースホルダとして採用しました。この記号は、単体では絶対に使われず、複数桁の数の中での目印としてのみ使われました。最後の数字がゼロだったらその目印は書きませんでした。というのは、この目印はゼロでない数字の間に何かがあることを示す単なるプレースホルダだったからです。つまり、例えば2と120（バビロニアの六十進数では2×1と2×60）はまったく同じ見た目になります。末尾のゼロを書かないので、どちらなのかを判別するには文脈を見る必要があります。バビロニア人は表記としてのゼロの概念は持っていましたが、あくまでも区切り文字としてでした。

本当の意味での世界初のゼロはブラフマグプタ（Brahmagupta、598 – 668）というインドの数学者によって7世紀に導入されました。ブラフマグプタは非常に熟達した数学者でゼロを発明しただけでなく、おそらく負の数や代数の考え方も発明していました！ 彼はゼロを実数として使った最初の人であり、ゼロや正の数や負の数がどのように機能するかの代数的な規則を発見した最初の人です。彼が発見した形式化は非常に興味深いものです。ゼロが分数の分子にも分母にも出てこられるのです。

ゼロはブラフマグプタから西へ（アラビア人へ）東へ（中国人やベトナム人へ）伝わっていきました。ヨーロッパ人がゼロを手に入れるのは最後のほうでした。ヨーロッパ人は素晴らしいローマ数字に愛着があったため、彼らの間にゼロが浸透するにはかなり時間がかかりました。アルフワリズミ（al-Khwarizmi）というペルシアの数学者の著作を、数列で有名なフィボナッチ（Fibonacci）が翻訳した13世紀になってようやく、ゼロはヨーロッパで地位を確立しました（ちなみに数学的な手続きを表す**アルゴリズム（algorithm）**という語はアルフワリズミの名前から生まれました）。ヨーロッパ人は、その新しい数の体系を**アラビア数体系**と呼び、アラビア人の功績としました。すでに見たようにアラビア人はアラビア数字を作ってはいませんが、ブラマグプタの表記法を採用して複素数を含むところまで**拡張した**のは高名なペルシアの詩人ウマル・ハイヤーム（Omar Khayyam、1048 – 1131）を含むアラビアの学者たちであり、彼らの著作を通じてその考え方がヨーロッパに導入されたのです。

5.2 イライラするほど難しい数

ゼロを数と見なしている現代でさえゼロはイライラするほど難しいものです。ゼロは正でも負でもありません。ゼロは素数でも合成数でもありません。ゼロを実数の集合に含めると、この世界の物事に対して数をどう適用するかを定義するのに使う代数のような数学的構造がうまく機能しません。ゼロは単位ではありません。単位はゼロとはうまく組み合わせられません。ゼロ以外の数では、例えば2インチや2ヤードは別のことを意味しますが、ゼロではそうではありません。代数では、ゼロは**閉性(closure)**と呼ばれる基本的な特性を壊します。ゼロがなければ、数のどんな算術演算も、その結果は数です。ゼロがあるとそうではなくなってしまいます。なぜならゼロでは割れないからです。割り算はゼロ**以外の**すべての数に対して閉じています。ゼロは、いろんな意味で実に嫌な奴です。アリストテレスが正しかったのは、ゼロは無限大に対比されるような概念であって量ではない、というところです。しかし無限大のほうは日々の暮らしの中ではたいてい無視できます。ゼロはそうそう捨てられるものではありません。

数の概念において、ゼロは実在する避けられない部分です。しかしゼロは変わり者で、多くの規則を破る境界線のような存在です。例えば、足し算と引き算について整数はゼロがなければ閉じていません。整数と足し算を組み合わせたものは**群**と呼ばれる数学的な構造（群については第20章でさらに説明します）を形成し、これで鏡の反射のような対称性の意味を定義します。しかしゼロを取り去ってしまうと、これはもはや群ではなくなり、鏡面対称性を定義できなくなってしまいます。ほかにも多くの数学の概念がゼロを取り去ることで崩れ去ってしまいます。

私たちの数の表記法は全面的にゼロに依存しています。多項式を利用して数を表す体系にとってゼロはとても重要です。ゼロがどれだけ役に立つかを理解するために、掛け算について考えてみてください。ゼロがなければ、掛け算はもっともっと難しいものになります。大きな数の掛け算で私たちが今やっている方法とローマ人がやっていた方法で比べてみましょう。ローマ人がやっていた方法は9.3節で解説しています。

ゼロの奇妙さゆえ、ゼロに関係する間違いがたくさんあります。

例えば、私がとてもイライラするこんな話があります。多くの人は、ゼロと無限大が関係していると考えて、1割る0は無限大だと信じています。しかしそうではありません。1/0は何とも等しくありません。割り算の意味の定義では、1/0は**未定義(undefined)**です。1/0と書かれた式は、無意味で不適切な式です。0では割れないのです。

ゼロで割れないという事実の裏には、ゼロは概念であり量ではないというアリストテレスの思想にさかのぼる直感があります。割り算は量に基づいた概念なので「X 割る Y は何？」と聞くのは、「物を Y 回取ったときに物が X だけ手に入るような、1 回あたりの量はいくつ？」と聞くようなものです。

次の問いに答えようとすれば問題に気がつくでしょう。「0 回取ったときにリンゴが 1 つ手に入るような、1 回あたりの大きさは？」これは意味のない問いであり、ゼロで割ってはいけない以上、意味があってもいけません。**無意味なのです**。

ゼロは、たくさんのばかげた数学パズルやトリックのネタにもなっています。例えば $1 = 2$ の証明という、ちょっとした代数ネタがあるのですが、そこでは隠れてゼロ割りをしています。

例： こっそりゼロ割りを使って $1 = 2$ を示すトリック。

1. $x = y$ から始めます。
2. 両辺に x を掛けます。$x^2 = xy$
3. 両辺から y^2 を引きます。$x^2 - y^2 = xy - y^2$
4. 因数分解します。$(x + y)(x - y) = y(x - y)$
5. 両辺を共通因数の $(x - y)$ で割り、$x + y = y$ を得ます。
6. $x = y$ なので y に x が代入できます。$y + y = y$
7. 式を整理します。$2y = y$
8. 両辺を y で割ります。$2 = 1$

問題があるのは、もちろんステップ 5 です。$x - y = 0$ なので、ステップ 5 はゼロで割っているのと同じことをしています。ゼロ割りは無意味なので、このステップから得られる意味ありげな結果に基づくものはすべて間違いです。こうして誤った事実が「証明」できてしまいました。

もっといろいろ読んでみたいなら、私が見つけた最良の情報源として「ゼロサーガ」[†1]というオンラインの記事があります。この記事には、この節に書かれているような簡単な歴史や雑談も載っていますし、知りたいであろうことがすべて詳しく書かれています。「ゼロ（zero）」と「無（nothing）」という単語についての言語学的考察から、その概念の文化的影響、そしてゼロがどのようにして代数や位相幾何学に入り込んでいったかの詳細な数学的な説明まで、あらゆることが網羅されています。

[†1] http://home.ubalt.edu/ntsbarsh/zero/ZERO.HTM

第06章

e：自然数でない自然な数

次の奇妙な数は e と呼ばれる数で、オイラー数や自然対数の底としても知られています。e は非常に奇妙な数ですが非常に基礎的な数でもあります。この数は予想もしなかったあらゆる変な場所にしょっちゅう姿を現します。

6.1 至るところにある数

e とはなんでしょうか？

e は**超越的な**無理数です。この数はおよそ 2.718281828459045 です。この数は自然対数の底でもあります。定義により $\ln(x) = y$ ならば $e^y = x$ となります。

私は非常にねじれたユーモアのセンスを持っていて、ひどいしゃれ（特に、ひどいギークのしゃれ）が大好きなので、e を自然数でない自然な数と呼ぶのが好きです。e は自然対数の底であるという意味で自然です。しかし通常の自然数の定義によればこれは自然数ではありません。（ほら、ひどいギークのしゃれだと警告しておきましたからね！）

しかしそれでは十分な答えにはなっていません。さっき**自然**対数という言葉を出しました。なぜこんな $2\frac{3}{4}$ よりちょっと小さいへんてこな無理数が**自然だ**と見なされるのでしょうか？

その出自を理解してしまえば答えははっきりします。$y = 1/x$ という曲線があるとします。どんな値 n についても 1 と n の間の曲線より下の領域の面積[†1]は n の自然対数です。e は 1 から n までの曲線の下の領域の面積が 1 になる x 軸上の点で、それは図 6.1 に示してあります。これは、ある数とその自然対数は逆数を通して直接の関係があるということです。

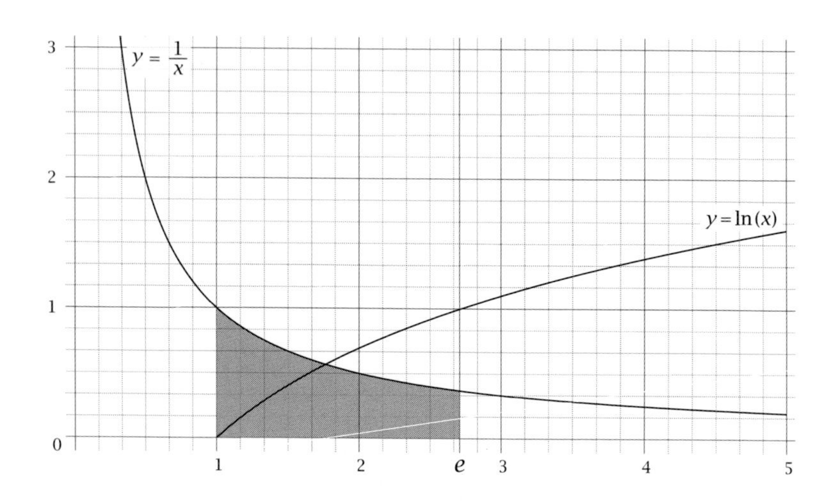

▶ 図 6.1　e をグラフから見つける：数 n の自然対数は 1 と n の間の曲線より下の領域の面積です。

e は自然数の階乗の逆数を合計したものでもあります。

$$e = \frac{1}{0!} + \frac{1}{1!} + \frac{1}{2!} + \frac{1}{3!} + \frac{1}{4!} + \cdots$$

また e は次の極限でもあります。

$$e = \lim_{n \to \infty} \left(1 + \frac{1}{n}\right)^n$$

e は次の奇妙に見える分数の極限を計算した結果でもあります。

[†1] ［訳注］正確に言うと、$x = 1$ から $x = n (n > 0)$ までの範囲で x 軸と曲線 $y = 1/x$ に挟まれる部分の面積のことです。

$$e = 2 + \cfrac{1}{1 + \cfrac{1}{2 + \cfrac{2}{3 + \cfrac{3}{(4 + \cdots)}}}}$$

e は非常に奇妙な微分方程式の解となる指数関数の底でもあります。

$$\frac{dy}{dx} = y \text{ の解は } y = Ce^x \text{ (C はある定数)}$$

さっきの微分方程式は e^x が自分自身の導関数だということを意味していて、これはちょっと奇妙だなんてものではありません。導関数が自分とぴったり一致する指数方程式はほかにはありません。

そして最後に e は、数学のすべての業績において最も驚くべき等式に出てくる数です。

$$e^{i\pi} + 1 = 0$$

これはびっくりする等式です。数学全体の中でも最も基礎的な、率直に言って謎めいた数が結合してあります。これは何を意味するのでしょうか？ それについては第 8 章で話します。

なぜ e はこんなに頻繁に登場するのでしょうか？ それは e が数の基礎的な構造の一部分だからです。e は円のような最も基本的な数学の構造の一部をなす深遠で自然な数なのです。異なる定義の方法が何十個もあるのは**あらゆるもの**の構造に深く埋め込まれているからです。Wikipedia でも、100% の利子が複利で連続的につく銀行口座に 1 ドル預けた場合、1 年の終わりにはぴったり e ドルになると書かれています[†2]（これはそう驚くようなことではありません。e の積分による定義を言い換えただけです。それでも、これは直感的な良い説明になっています）。

6.2 歴史

主要な数学的定数と比べると e の歴史は短めです。e は比較的最近になって発見されたのです。

e に初めて言及したのは 17 世紀のウィリアム・オートレッド（William Oughtred、1575 - 1660）というイギリスの数学者でした。オートレッドは計算尺を発明した人で、これは対数の原理で機能する道具です。 対数を調べ始めるとすぐに e を見る

[†2] http://en.wikipedia.org/wiki/E_(mathematical_constant)

でしょう。オートレッドは実際には名前を付けたり e の値を計算したりはしませんでしたが、最初の自然対数表を書きました。

それからほどなくしてゴットフリート・ライプニッツ（Gottfried Leibniz、1646 – 1716）の仕事にも姿を現しました。ライプニッツがその数を発見したことはそう驚くことではなく、このときライプニッツは微積分計算の基礎を構築している最中で e が微積分学にいつも出てくることを考えれば当然です。しかしライプニッツはその数を e とは呼ばず b と呼んでいました。

e の値を本当に計算しようとした最初の人物はヤコブ・ベルヌーイ（Jakob Bernoulli、1654 – 1705）という、ベルヌーイ数をはじめさまざまな分野で業績を残した人物です。e はベルヌーイ数の定義にも登場します。

ライプニッツの微積分学が発表されるころには e はその地位はしっかりと固まっていて、それ以降は避けて通れないものになりました。

なぜ e という文字なのでしょう？ 本当のところはわかりません。この文字を最初に使ったのはオイラーですが彼は選んだ理由については何も言っていません。もしかすると「指数の（exponential）」の省略形だったのかもしれません。

6.3 e に意味はあるの？

e は何かを意味しているのでしょうか？ それとも単なる人工物、つまりいろいろうまくいくように工夫した結果の産物にすぎないのでしょうか？

これはどちらかというと数学者よりも哲学者向きな問いです。それでもあえて私の意見を言うと、数 e は人工物ですが自然対数には深遠な意味があります。自然対数は驚くべき特性であふれています。自然対数は有理数係数の冪級数で書ける唯一の対数です。自然対数には曲線 $1/x$ の区間に関する素晴らしい特性があります。自然対数は、数の基礎的な概念の中でも特に重要な特性を体現するような、まぎれもなく自然なものなのです。対数であるからには自然対数にも底となる数が必ずあります。それがたまたま e という値というわけです。深い意味があるのは対数のほうであり、e の値を知らなくても自然対数の計算はできます。

第07章

ϕ：黄金比

この章は私を本当にイライラさせる数の話題です。ϕ（「ファイ」）として知られる黄金比のことが、私はそこまで好きではありません。この数は、あまり信用できない人たちがよく持ち出してきて、実際にはありもしないのに、さまざまな場所で目撃できると報告しています。例えば、ピラミッドの崇拝者は、エジプトの偉大なピラミッドはその形の中に黄金比に由来する比率があると主張しますが、そんなものはない、というのが単純な真実です。動物神秘主義者は、巣の中の雄バチと幼虫の比率がほぼ黄金比になると主張しますが、それも違います。

大事なのは黄金比の値は $(1+\sqrt{5})/2$ でおよそ 1.6 だということです。これは $1\frac{1}{2}$ よりわずかに多い量です。それくらいの量なので、さまざまなものに自然と**近く**なります。1 と半分に近いものであれば、黄金比にも近くなるのです。そして黄金比はどこにでもあるという評判があるため、ほら見て、これは黄金比だ！ と決めてかかるのです。

例えば、女性の胸と腰の**理想的な**比率には黄金比が関係する、という最近の研究さえあります。なぜでしょう？ まあ、黄金比が完璧な美の原理であることは**よく知られている**し、さまざまな女性の写真の美しさを男性が評価するという調査の結果をそういう色眼鏡で見れば、最も高く評価された写真に写っている女性の体型の比率が黄金比に近かったのも明らかでしょう。この話を信用する理由は黄金比が重要だという信仰以外には何もありませんし、この話を信用すべき**でない**理由はたくさんあります（例えば、女性の「理想的な」体系は歴史を通してさまざまに変わります）。

しかし、こういう話をすべて捨て去ったとしても、黄金比は興味深い数です。個人的には、この数は表現方法がかっこいいと思います。数をさまざまな方法で書くと、その構造が魅力的な姿で明らかになります。例えば黄金比を連分数（連分数については第11章で説明します）で書くと、こうなります。

$$\phi = 1 + \cfrac{1}{1 + \cfrac{1}{1 + \cfrac{1}{1 + \cfrac{1}{\cdots}}}}$$

この連分数は $[1;1,1,1,1\ldots]$ とも書けます。さらに黄金数を多重根号として書くと、こうなります。

$$\phi = 1 + \sqrt{1 + \sqrt{1 + \sqrt{1 + \sqrt{1 + \cdots}}}}$$

これら ϕ のさまざまな表現は、単にきれいなだけではありません。この数についての、きちんとした興味深い特性がわかります。ϕ の連分数形式からは、ϕ の逆数が $\phi - 1$ だということがわかります。多重根号形式は、$\phi^2 = \phi + 1$ ということを意味しています。どちらも次の節で見るように、ϕ の基本的な幾何的構造を別々の方法で説明したものです。

7.1　黄金比とは何か？

そもそも黄金比とは何なのでしょうか？ それは $1 + 1/x = x$ という方程式の1より大きいほうの解となる数です。別の言い方をすると、辺の長さの比が $1 : \phi$ の長方形があったとして、長方形からできる限り大きな正方形を取り除くと、辺の比が $\phi : 1$ の長方形が得られます。そこからまた一番大きい正方形を取り除くと、辺の比が $1 : \phi$ の長方形が得られます。ここから先も同様です。図7.1に基本的な考え方のイメージを示します。

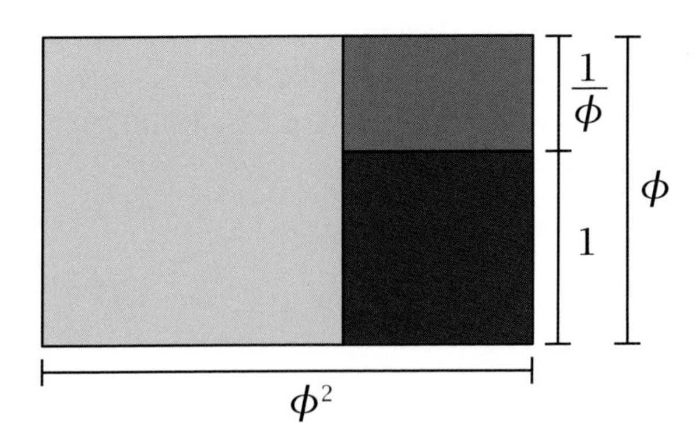

▶ 図 7.1　黄金比：黄金比は理想的な長方形の辺の比です。その長方形からできる限り大きな正方形を取り除くと同じ比の辺を持つ長方形が残ります。

伝え聞くところでは、黄金比は最も美的に優れた長方形の辺の比だそうです。私はそれを判断できるようなビジュアルアーティストではないので、この手の話は信仰の類なのだろうと受け止めています。

しかし、この比率は、幾何のさまざまな場面に姿を現します。例えば五芒星を描くと、次の図 7.2 に示すように、星の点から点までの長さと、星の内部にある五角形の辺の長さの比が $\phi : 1$ になります。

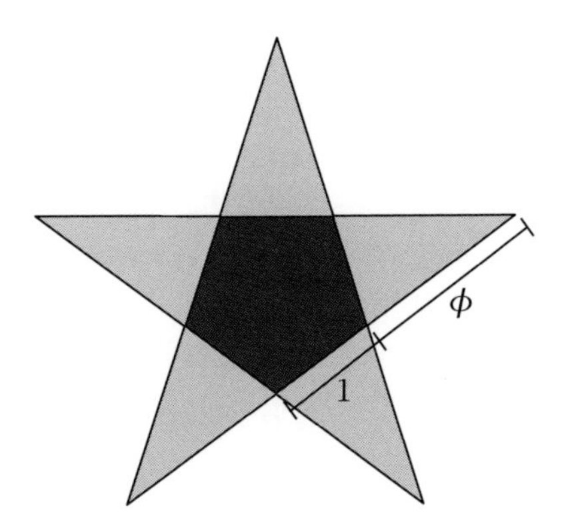

▶ 図 7.2　黄金比と五芒星：五芒星の中心の五角形を囲む二等辺三角形の辺の比に出てくる黄金比の例。

黄金比はフィボナッチ数列とも関係があります。覚えていない人のために再度説明しましょう。フィボナッチ数列は、$1, 1, 2, 3, 5, 8, 13, \ldots$ のように、それぞれの数が2つ前までの数の和になっている数列のことです。$\mathrm{Fib}(n)$ がこの数列の n 番めの数だとすると、こんなふうに計算できます。

$$\mathrm{Fib}(n) = \frac{\phi^n - (1 - \phi)^n}{\sqrt{5}}$$

7.2 伝説的なたわごと

黄金比の歴史については大量の作り話があります。そのほとんどはまったくのたわごとです。

エジプトのピラミッドは黄金比に基づいて建築されたとか、ギリシャの神殿のさまざまな特徴の比率は黄金比に合致するように建設されたとか、そういったたくさんの歴史物語を目にすることがあるでしょう。しかし黄金比の言い伝えの多くと同様に、これは単なるアポフェニア、つまり何もないところにパターンを見出しているにすぎません。

ピラミッドと黄金比の間にあるとされているつながりの例を見てみましょう。クフ王の大ピラミッドの外見を見てみると、黄金比との関連はただの大雑把な近似です。黄金比はだいたい1.62で、大ピラミッドの底辺と高さの比は1.57です。ピラミッドの規模からすると、約6フィート（1.8メートル強）の誤差に相当します。大ピラミッドは精密な建築物として有名ですが、これだけ大きな誤差は黄金比の神話とは辻褄が合いません。しかし多くの黄金比信仰者は、黄金比が重要な要素に**違いない**と強く確信しているので、なんとか黄金比がかかわっているところを見つけようと奮闘します。人々はその期待を満足させるという非常に驚くべきことをします。例えば、大ピラミッドの神話に関して広範な著書を著したトニー・スミス氏は、地面に対する側面の角度が黄金比の平方根の逆数の逆正弦[†1]と一致するように外見の長さの比が選ばれた、と主張しました[†2]。

黄金比を見つけたのはピタゴラス教団の誰かであるとわかっています。おそらくは無理数の歴史にも登場した、あの溺死させられたかわいそうなヒッパソスだと考えられています。

---

†1 ［訳注］正弦関数 sin の逆関数 arcsin のこと。

†2 http://www.tony5m17h.net/Gpyr.html（［訳注］翻訳時点ではリンク切れのようです。インターネット・アーカイブなどのキャッシュを試してみてください。http://web.archive.org/web/20160406101336/http://tony5m17h.net/Gpyr.html）

黄金比は古代ギリシャではよく知られていました。ユークリッドは彼の "原論" の中で黄金比について書いていますし、プラトンは彼の哲学書の中で黄金比について書いています。実際、黄金比にこだわりを持つ突飛でいまいち信用できない形而上学的弁明を振りかざす人たちの走りはプラトンだと言いたいくらいです。プラトンは、世界は4つの基本要素からできていて、それぞれは正多面体から発生している、と信じていました。プラトンによると、これらの正多面体は、黄金比を筆頭とする完璧な比に従って構成された三角形から組み立てられていました。プラトンにとって黄金比は最も基礎的な宇宙の一部分だったのです。

黄金比が ϕ と呼ばれるのは、実はギリシャの彫刻家ペイディアス（Phidias、紀元前約490 – 紀元前約430）のことを指しているためで、この彫刻家が黄金比を自分の作品で使いました。ギリシャ語で書くと、彼の名前は ϕ という文字から始まるのです。

ギリシャ人以降、ϕ に興味が持たれるようになったのは、ようやく16世紀になってからでした。芸術と数学の両方の研究で知られるパチョーリ（Pacioli、1445-1517）という名前の修道士が "神聖比例論" と呼ばれる本を書き、ここで黄金比と、その建築や美術での使われ方について論じました。ダビンチは、パチョーリの著作で学んだことで黄金比のとりこになり、その結果、彼のスケッチや絵画の多くで黄金比が重要な役割をはたすことになりました。特に、悪名高い「ウィトルウィウス的人体図」（図7.3に表示されています）は、人体がいかに神聖な比率を体現するかを図示したものです。

いったんダビンチが黄金比を信奉すると、ヨーロッパ中の芸術家や建築家がこの流行に乗ったのは言うまでもありません。それから現在までずっと黄金比は芸術家や建築家に使われ続けています。

7.3 黄金比の本当の住処

ここまで説明したとおり、人々は黄金比がないところに絶えず黄金比を見出しています。しかし、それでもやはり黄金比は実在していて、ある驚くほど奇妙な場面で見事に姿を現します。

黄金比が現実に姿を現すのは、ほとんどはフィボナッチ数列に関係する場面です。フィボナッチ数列と黄金比は深くつながっているので、フィボナッチ数列が現れるところには黄金比が見つかります。例えば西洋音楽の基本音階にはフィボナッチ数が出てきます。ほとんどの調性では、和音になる音の間に黄金比の実例がいくつか見られます。このパターンを利用した作曲家も何人かいます。私が大好きな実例は、偉大な20世紀の作曲家ベラ・バルトーク（Béla Bartók、1881 – 1945）で、

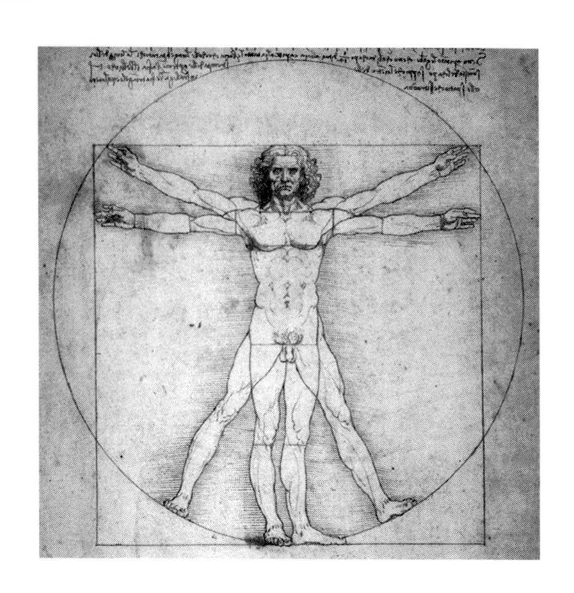

▶図 7.3　ダビンチの“ウィトルウィウス的人体図”：ダビンチは人間の体型は黄金比を体現していると信じていました。

彼はいくつかの作品で黄金比を基礎的な構造として使いました。その中で最も素晴らしいのは“弦楽器と打楽器とチェレスタのための音楽”に出てくる 12 声のフーガで、私が知る限りヨーロッパ音楽のカノンで 12 声のフーガはこの曲だけです。

面白半分で、黄金比を基数とする ϕ 進数という名前の数の体系を組み立てられます。この数の体系には楽しい特性があります。ϕ 進数では、ϕ が無理数という独特な構造を持っているため、すべての有理数が**無限に終わらない**表現となります。つまり、すべての有理数が ϕ 進数では無理数のように見えるということです。ϕ 進数は何かの役に立つのでしょうか？ 特に役に立つわけではないですが、とにかくかっこいいです！

第08章

i：虚数

おそらく最も興味深い奇妙な数は、ひどく不当な中傷を受けている i、つまり -1 の平方根、「虚」数として知られている数でしょう。この奇妙な数はどこからやってきたのでしょうか？ この数は実在している（実数という意味ではなく、この世界で現実に意味のある何かを表している）のでしょうか？ 虚数は何かの役に立つのでしょうか？

8.1 i の生まれたところ

i の「起源」は初期のアラビア人数学者たちまでさかのぼります。最初に 0 について真に理解したのと同じ人たちです。しかし 0 をうまく扱えた彼らにも、i はそれほどうまく扱えませんでした。彼らは i を本当には理解していなかったのです。彼らには 3 次方程式の根に対する概念がある程度あったのですが、その根が彼らの方法ではうまく見つからない場合がありました。方程式が根を持つために何かしら必要なものがあることはわかっていたのですが、それがどういう意味なのかは理解していませんでした。

かなり長い間、その状態が続きました。代数を研究していた数学者たちは、欠けている数学的な概念があることに気づいていましたが、誰もどうやって問題を解決するかは理解していませんでした。今、代数として知られている分野は、長い時間をかけて発展してきたものです。ギリシャ人をはじめ、多彩な学者たちが、何かがうまくいかないときにさまざまな形でこの問題に出くわしました。しかし、単なる 1 次元の数直線上の点ではない数が代数に必要であるという発想に気がついた人は誰もいませんでした。

i への真の第一歩が刻まれたのは、ギリシャ人数学者の時代から 1000 年以上後のイタリアでした。16 世紀、数学者たちは 3 次方程式の解を探していました。初期のアラビアの学者が探していたのと同じものです。しかし 3 次方程式の解を探すには、方程式が実解を持っているときでさえ、途中で -1 の平方根を扱う必要がある場合がありました。

実在する最初の i の記述は、ラファエル・ボンベリ（Rafael Bombelli、1526-1572）という名前の数学者によるものです。彼は 3 次方程式の解を探した数学者の一人でした。ボンベリは解に到達するまでの手順のどこかで、-1 の平方根の値を使う必要があることに気づいていましたが、i のことを何か実際に意味のある数だと思っていたわけではありませんでした。彼は i のことを、3 次方程式を解くための奇妙だが便利な単なる人工物だと見なしていました。

i に「虚数」という不運で誤った名前が付いたのは、有名な数学者であり哲学者であるルネ・デカルト（René Descartes、1596-1650）が悪く言ったためです。デカルトは i という概念を嫌っていて、これはずさんな代数のいんちきな人工物だと信じていました。彼は、i に何かしら意味があるとは認めませんでした。そのため、その概念を貶めようとして i を「虚」数と呼びました。

i を使って組み立てられる複素数は、18 世紀のレオンハルト・オイラー（Leonhard Euler、1707-1783）の業績により、最終的には広く受け入れられるようになりました。オイラーはおそらく、i が存在することで作られる真に包括的な複素数の体系を理解した最初の人物でした。そしてオイラーの等式として知られる、史上最も魅惑的な奇妙な数学的な発見をしました。私が最初にこの等式に触れたのは何年も昔のことですが、今でも、これがなぜ成り立つかを納得するのに苦労します。

$$e^{i\theta} = \cos\theta + i\sin\theta$$

これは次のような意味になります。

$$e^{i\pi} = -1$$

驚くべきことです。i、π、e の間にこんな密接な関係があったなんて、衝撃でしかありません。

8.2 *i* の働き

i が数として実在することを認めたとたん、数学は前の姿に戻れないほどに変わりました。代数方程式で記述される数は、直線上の点ではなく、突如として**平面上の**点に変わりました。代数的な数は、実は 2 次元なのです。そして整数の 1 が実軸上の距離の単位であるように、i が虚軸上の距離の単位になっています。結果として、数は**複素数**と呼ばれるものに一般化されました。複素数には 2 つの部分があり、それぞれの部分が 2 つの軸に対する位置を決めます。一般には $a + bi$ と書き、a が実部、b が虚部です。複素数が 2 次元の値としてどんな意味を持つか、次の図 8.1 を見ればわかります。

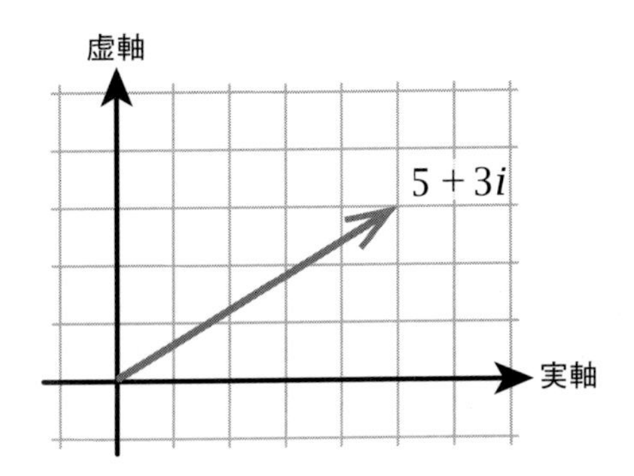

▶ 図 8.1　2 次元平面上の点としての複素数：複素数 $a + bi$ は 2 次元平面上の点として視覚的に表され、a が実軸方向の位置、b が虚軸方向の位置となります。

i が付け足されたこと、その結果として複素数が付け足されたことは、数学的には素晴らしいことです。これで、すべての多項式方程式が根を持ちます。特に、x を変数とする最大次数が n の多項式方程式には、常にぴったり n 個の複素数の根があることになるのです。

しかし、これは副次的な効果にすぎません。掛け算と足し算がある実数は、代数的に閉じていません[†1]。i が付け加わったことで、掛け算のある代数が閉じたものになります。これは、代数のすべての演算とすべての式が意味のあるものになった、

---

†1 ［訳注］ある体 F を係数とする多項式の根は、必ずしも体 F に入っているとは限りません。例えば実数を係数とする多項式 $f(x) = x^2 - 3x + 3$ を考えると、どんな実数 a についても $f(a)$ は 0 にはなりません。「ある体を係数とするどんな多項式の根も必ず係数の体に入る」という性質を**代数的に閉じている（algebraically closed）**と呼び、代数的に閉じている体のことを**代数閉体（algebraically closed field）**と呼びます。先ほどの例により実数体は代数的に閉じていませんが、複素数体は代数的に閉じていることが**代数学の基本定理（fundamental theorem of algebra）**として証明されています。

ということです。複素数の体系からは、外へ飛び出すものが何もないのです。

もちろん、実数から複素数に移れば良いことばかり、というわけではありません。複素数は順序付けされていません。複素数には「より小さい」(<) の比較はありません。意味のある不等式を作る能力は、複素数を体系に取り入れたときに消えてなくなってしまいました。

8.3 *i* の意味

しかし、現実世界では複素数は何を意味するのでしょうか？ 実在する現象を本当に表現しているのでしょうか。それとも単なる数学的な抽象概念なのでしょうか？

科学者やエンジニアなら、複素数は非常に現実的なものであると答えるでしょう。格好の例としてよく引き合いに出されるのは、電灯やコンピュータに電力を供給している電気のコンセントです。コンセントから取り出せる電気は交流です。これは何を意味するのでしょうか？ [†2]

実は電圧、つまり（大雑把に言うと）電流を流す力の量と見なせるものは、複素数なのです。電圧が 110 ボルトで 60 ヘルツの交流がコンセントにきているなら（米国ではこれが標準です)、その電圧の大きさを示す数は 110 です。このときの実際の電圧を、x 軸を時間、y 軸を電圧として描いたグラフが図 8.2 です。これは正弦波です。このグラフに重ねて磁場の強さも描いてありますが、磁場のほうは電場とは位相が 90 度ずれた正弦波になっていて、磁場が最大値を取るときに電圧は 0 になっています。

電圧の曲線だけを見ると、非常に速く電気がついたり消えたりしているかのような間違った印象を受けるかもしれません。そうではありません。交流では一定の量の電力が送られてきていて、その電力の大きさは時間的に不変です。電力は別の方法で送られます。電気を使っている立場から見ると、電力体系の電圧の部分だけを使っているので、普通は電気はついたり消えたりするものだと思えます。しかし、実際には、本当についたり消えたりしているのではありません。電力体系は動的なシステム、つまり常に動いているシステムであり、その動きの 1 つの断面を見ているにすぎないのです。

送られてくる電力を表すベクトルは固定の大きさのベクトルです。これは、図 8.3 に示しているように、複素平面の上を回転しています。そのベクトルが回転し

[†2] ［訳注］ここからの 4 つの段落に書いてある内容は、著者が勘違いをしているようです。交流とは値の正負が交互に入れ替わる電流のことで、これ自体には複素数は関係ありません。電流の値が変化することで磁場が発生し、その磁場が変化することで電場が発生し、さらに磁場が発生し、と連鎖的に電場と磁場が発生し空間を伝搬していく現象が電磁波です。電磁波を記述する数式では複素数が使われています。おそらく著者はこの電磁波と複素数のつながりのことを伝えたかったのだと思います。

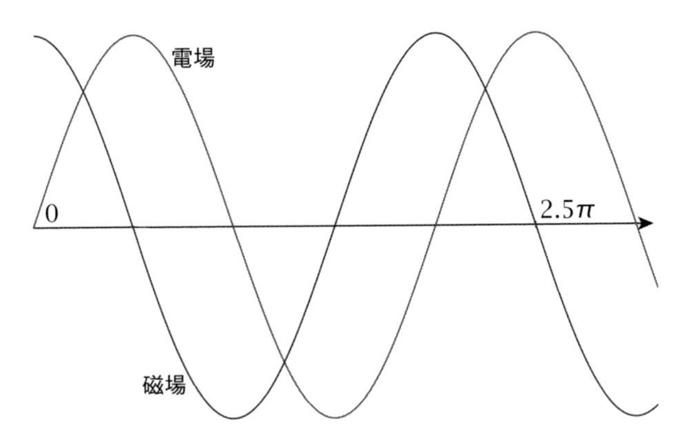

▶ 図 8.2　複素平面上の交流：電場と磁場

て全体が虚軸に含まれる位置になると、エネルギーはすべて磁場として送られます。ベクトルが回転して全体が実軸に含まれる位置になると、エネルギーはすべて電場として送られ、これが電圧として測定されます。電力ベクトルは縮んだり伸びたりはしません。**回転する**のです。

交流における電場と磁場の関係は、*i* が現実世界にどう適用されるかの典型例です。これは、互いに関係する直交する側面を持つ動的なシステムにおける、基礎的な関係の重大な部分で、より高い次元の中で動いているシステムの、ある種の回転や射影を表していることが多いです。

計算機の音声処理も、同じ基本的な概念の別の例だといえます。音の解析には**フーリエ変換（Fourier transform）**というものを使います。音を単語へと翻訳する

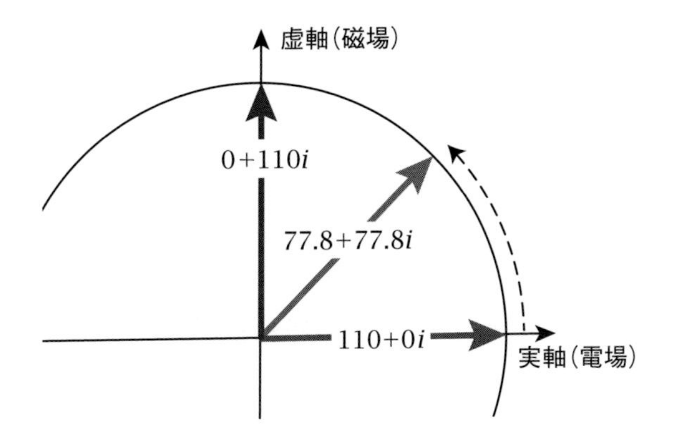

▶ 図 8.3　複素平面上の回転

ためにエンジニアが使うのは、(人間の音声のような) 複雑な波形を基本的な正弦波の集まりに分解する技術です。それらの正弦波を重ね合わせたものは、その時点における元の複雑な波形と同じになります。この分解を行う手順は複素数と密接に結び付いています。フーリエ変換と、それに基づく分解と合成は、複素数が実在することに依存しています (特に、この章で最初に紹介したオイラーの見事な等式に依存しています)。

第III部

数を書く

数はあまりになじみ深く、しばしばその美しさと神秘性を忘れてしまいます。私たちが普通に数を読む方法が唯一の方法だと考えたり、普通の数の書き方が唯一の正しい方法だと考えたりします。

しかし、それがすべてではありません。数学者が数学を発展させたように、数学を実際に使っている人々が驚くべき量の数を記述する方法を発明してきました。それらの記法体系には、現在私たちが使っているものと比べて良くないものもありますし、同程度に良いものも、より良いものもありますし、**さまざまです**。この部では、2 つの古代の記法体系と現代の数学者の興味を惹き続ける現代の記法体系について見ていきます。

最初にローマ人がどのように数を書いていたかを調べ、ローマ数字を使って数学を考えるのがどれくらい面倒かを見たうえで、私たちの数体系が数学を展開するにおいてどれだけ劇的な変化を遂げたかを見ていきます。

次に古代エジプト人の分数の書き方と、数に対する美学がどう変わってきたかを見ます。

そして**連分数**と呼ばれる特殊な分数を調べ、数学者が特定の目的のために数を記述する新しい方法をいまだに発明し続けている例を見ます。

第09章 ローマ数字

私たちは普通、数をアラビア数字と呼ばれる記法で書きます。この記法の名前は、アラビアの数学者を通じてヨーロッパ文化へ伝わってきたことに由来します。それ以前の西洋文化では、数をローマ流に書いていました。実際、多くの形式的な文書では、**今でさえ**ローマ数字を使っています。多くの教科書の前書きではローマ数字でページ番号が振られています。私は通勤中にマンハッタンのビル群を通り過ぎていくのですが、それらのビルには建てられた年を記録する礎石があり、そのすべてでローマ数字が使われています。ほとんどの映画のクロージングタイトルでは著作権の日付がローマ数字で書かれています。

おそらくローマ数字を見なかった日はないと思うのですが、私はいつもローマ数字には困惑してしまいます。いったい誰がローマ数字のように変な数の書き方を思いついたのでしょうか？ ローマ数字がへんてこりんで読みづらく使いづらいとして、なぜ私たちはいまだにいろいろなところでローマ数字を使っているのでしょうか？

9.1 位取りの体系

ほとんどの人がすでに知っているとは思いますが、ローマ数字の仕組みを説明しようと思います。ローマ数字の体系には位取りはありません。ある値を表す数字記号が、どの位置にあってもかまわないということです。これは位取りのあるアラビア数字表記とは大きな違いです。私たちの普通の記法では、「32」の3は30を表し、「357」の3は300を表します。ローマ数字ではそうではありません。「X」は常に10を表し、それが数の中でどの位置にあるかは関係ありません。

ローマ数字の基本的な仕組みは、固定の数値を文字に割り当てるというものです。

- 「I」は1を表します。
- 「V」は5を表します。
- 「X」は10を表します。
- 「L」は50を表します。
- 「C」は100を表します。
- 「D」は500を表します。
- 「M」は1000を表します。

標準のローマ数字一式には、1000より大きい数を表す記号は含まれていません。中世において、書物でローマ数字を使っていた修道士は、より大きな数のための記法を追加しました。追加されたのは、数字の上に横線を追加するとその数字の1000倍を意味する、というものです。したがってVの上に横線を引いたら5000を表し、Xの上に横線を引いたら10000を表すという具合です。しかし、この記法は後から追加されたものであり、もともとのローマ数字の体系の一部ではありません。この記法を使っても、ローマ数字で大きな数をわかりやすく記述するのは困難です。

ローマ数字における記号は奇妙な組み合わせ方をします。IやXのようなローマ数字で考えてみましょう。IIIやXXXのように、数字が2個または3個まとまって出てきたら、それらを足し合わせます。したがってIIIは3を表し、XXXは30を表します。数字が表す数が、その右にくるもの**よりも小さい**ときは、その数を後に続くものから**引きます**。しかし順序を逆にして、小さいほうの数字が大きいほうの数字の**後に**くる場合は、小さいほうの数字を左の大きいほうの数字に**足します**。

数字の表記は、その数字で使われている**最大の**ローマ数字記号で決まってきます。(必ずしも常にではないですが) 一般的には、ある記号の前にその値の10分の1より小さい記号は書きません。そのため99をIC（100 – 1）とは書きません。XCIX

（100 − 10 + 10 − 1）のように書きます。

いくつか例を見てみましょう。

- **IV = 4**
  V = 5、I = 1 で、I が V の前にきているので引き算をして、IV = 5 − 1 です。
- **VI = 6**
  V = 5、I = 1 で、I が V の後ろにきているので足し算をして、VI = 5 + 1 = 6 です。
- **XVI = 16**
  X = 10、V = 5、I = 1 で、VI は X よりも値の小さな記号で始まっているので、その値を足し算します。VI = 6 なので、XVI = 10 + 6 = 16 です。
- **XCIX = 99**
  C = 100 で、X が C の前に来ているので引き算をして、XC = 90 です。そして、その後ろの IX を足します。X は 10 で、その前に I があるので IX = 9 です。したがって XCIX = 99 です。
- **MCMXCIX = 1999**
  M = 1000 で、CM は 1000 − 100 = 900 なので、MCM = 1900 です。C = 100 なので XC = 90 です。さっきやったように IX = 9 です。これらを足し合わせて MCMXCIX = 1900 + 90 + 9 = 1999 です。

4 は、どういうわけか IV と書かれたり IIII と書かれたりします（その理由には諸説あり、後で説明します）。

ゼロについてはどうでしょう？ ゼロを表すローマ数字はあるのでしょうか？ まぁ、なくはないです。もともとの体系にはゼロはなく、ローマ人自身は使っていませんでした。しかし中世では、ローマ数字を使っていた修道士が**何もないこと (nullae)**を表す **N** を用いてゼロを表現していました。しかし、この N はアラビア数字における位取りのゼロとは違います。イースターの日を計算するのに使う天文表を埋めるため、列を空にしておく代わりに使われただけのローマ数字でした。

9.2 どうしてこうなった？

ローマ数字の起源については、杖に切り込みを入れて羊の群を数えていた羊飼いによって発明された、という説が有力です。後にローマ数字になる体系は単なる杖の切り込みから始まったものであり、文字などではなかったのです。

羊を数えるとき、羊飼いは最初の 4 頭については 1 頭ごとに 1 つ、合計 4 つの切り込みを入れ、5頭めについては斜めに切り込みを入れたのでしょう。これは私たちが得点をつけるときに4本の線を引いて5本めの線をその上から斜めに引くのにかなり近いやり方です。しかし羊飼いたちは、最初に引いた切り込みを打ち消すように切り込みを入れるのではなく、斜めに切り込みを付け足して、“/” のような切り込みを “V” に変えていました。10個ごとに入れる切り込みは “X” に見えることになります。10個のV字ごとにさらに切り込みを入れることでギリシャ文字の ψ のような見た目になり、10個のX字ごとにさらに切り込みを入れることでXの真ん中に縦線を引いたような見た目になります。

この体系では、8頭の羊がいればIIIIVIII と書くことになったでしょう。しかし先頭のIIII は本当は必要ありません。その代わりにただVIII だけを使い、これが大きな数を書きたいときに重要になってきます。

この記数法の体系をローマ人が書き言葉の一部としたとき、単純な切り込みはIとVになり、打ち消しの切り込みはXに、ψ のようなものはLになりました。それより先は語呂合わせを使い始めました。C、D、Mといった記号はラテン語の100、500、1000からきています。

前置して引き算になる規則は、ローマ数字が筆記するものへと移行するときに発生しました。ローマ数字のような順序数体系には、文字の繰り返しがたくさん出てきてしまい正しく読むのが非常に難しいという問題があります。繰り返しの回数を小さくすると、数字を読むときに間違う回数も減ります。VIIII と書くよりもIX と書くほうが、簡潔で繰り返しも少ないので、ずっと読みやすくなります。そういうわけで筆記者は前置による引き算形式を使い始めたのでした。

9.3　算術は簡単（でもそろばんならもっと簡単）

ローマ数字を見ると、この形式で算術計算を行うのは悪夢のように見えます。しかし、足し算や引き算のような基本的な算術ならとても簡単です。足し算も引き算も単純で、うまくいく理由も明らかです。一方、ローマ数字での掛け算は難しく、割り算に至ってはほぼ不可能です。ローマ時代には教師が実際にローマ数字を使った方法で算術を教えていましたが、日常的な計算はほとんどローマ式そろばんで行われていて、このそろばんの仕組みが現代的な数体系に非常に似たものだったことは特筆に値します。

2つのローマ数字を足すには次のようにします。

1. 引き算の前置形式を足し算の後置形式に変換します。つまり、例えばIX はVIIII に書き換えられます。

2. 足し算する2つの数を連結します（つまり、つないで1つにします）。
3. 文字を大きい順に並べ替えます。
4. 並べ替えた中でまとめられるものをまとめます（例えば、IIIIIをVで置き換えます）。
5. 引き算の前置形式に戻します。

例： 123 + 69。ローマ数字ではCXXIII + LXIXです。

- CXXIIIには引き算の前置形式はありません。LXIXはLXVIIIIになります。
- 連結します。CXXIIILXVIIII。
- 並べ替えます。CLXXXVIIIIIII。
- まとめます。IIIIIIIをVIIへ縮め、CLXXXVVIIを得ます。次にVVをXへ縮め、CLXXXXIIとなります。
- 引き算の前置形式へ切り替えます。XXXX = XLからCLXLIIとなります。LXL = XCからCXCII、つまり192となります。

引き算が足し算より難しいわけではありません。引き算 $A - B$ をするには次のような手順をたどります。

1. 引き算の前置形式を足し算の後置形式に変換します。
2. A と B の両方に表れる同じ記号を除去します。
3. B に残っている一番大きな記号に対して、A にあるその次に大きな記号を見つけ、それを1つ小さい単位の繰り返しに展開します。そして引くものがなくなるまで、手順2に戻って続けます（例えば、LからXXを引くには、最初にLをXXXXXに展開します）。
4. 引き算の前置形式へ戻します。

例： 192 − 69、つまりCXCII − LXIXを求めます。

- 前置を取り除きます。CLXXXXII − LXVIIII。
- 共通の記号を取り除きます。CXXX − VII。
- CXXXにあるXを展開します。CXXVIIIII − VII。
- 共通の記号を取り除きます。CXXIII = 123。

ローマ数字による掛け算は、簡単でもないし明らかでもありません。単に計算方法を理解するのも実際に計算するのも、どちらも大変です。繰り返し足すだけの簡単な場合なら可能でしょう。しかしそれでは大きな数の計算には明らかに向きません。ローマ人が使ったトリックは実に巧妙でした！ 基本的にはちょっと変わった二進数の掛け算です。この方法で計算するには、足し算と2で割る計算ができる必要がありますが、両方ともとても簡単です。ではやってみましょう。

1. $A \times B$ が与えられたとして、2つの列を作り、A を左の列に、B を右の列に書きます。
2. 左の列にある数を2で割り、余りは捨てます。商を左の列の次の行に書きます。
3. 右の列にある数に2を掛けます。手順1で書いた数に続けて、積を右の列の次の行に書きます。
4. 手順1から3を、左の列にある値が1になるまで繰り返します。
5. できあがった表を上からたどって、左の列の数字が偶数の行をすべて線を引いて消します。
6. 右の列に残っている数字を足し上げます。

例を見てみましょう。21×17 つまりローマ数字で XXI × XVII です。
表を作りましょう。

左の列	右の列
XXI（21）	XVII（17）
X（10）	XXXIV（34）
V（5）	LXVIII（68）
II（2）	CXXXVI（136）
I（1）	CCLXXII（272）

左側が偶数の行を削除します。

左の列	右の列
XXI（21）	XVII（17）
V（5）	LXVIII（68）
I（1）	CCLXXII（272）

ここで右の列の足し算をして、XVII + LXVIII + CCLXXII = CCLLXXXXVVIIIIIII = CCCXXXXXVII = CCCLVII = 357 となります。

なぜこれでうまくいくのでしょう？ これは二進数の算術です。二進数の算術で A に B を掛けるには、0から始めて A のそれぞれの桁の数字 d_n に対し、$d_n = 1$ の場合は、B の後ろに n 個の0を付けたものを計算中の数に足します。

2 で割っていくことで A の二進数表記での数字が各桁に対して取れます。奇数だった場合は、その位置のビットは 1 です。偶数だった場合は、その位置のビットは 0 です。右の数に 2 を掛けることで、二進数表記の後ろに 0 を付けた結果になります。n 番めの数字では 2 を n 回掛けます。

割り算はローマ数字における最大の問題です。一般的な場合にうまくいく技はありません。値を推測し、それが正しいか掛け算をして確かめ、推測を調整していくしか、割り算をする手はありません。容易に簡約できる両方の数に共通した約数を見つける方法がいくつかあるくらいです。例えば両方とも偶数だった場合には、商の推測を始める前にそれぞれを 2 で割れます。両方の数が 5 か 10 の倍数であることを見抜いて 5 か 10 で割るのも簡単です。しかしそれ以外であれば、推測して掛け算をして引き算する、を繰り返すことになります。

9.4 こうなったのは伝統のせいだ

私たちがローマ数字を使っているのは歴史的な理由です。ごく最近まで、西洋文化の学者はほとんどの仕事をラテン語で行っていました。例えばアイザック・ニュートン（Isaac Newton、1643–1727）は、彼の有名な論文である“自然哲学の数学的緒原理（プリンキピア）”を 17 世紀にラテン語で書きました。なぜなら、当時の研究者たちの仕事はすべてラテン語で出版されていたからです。

伝統から歴史的な言語を使っているので、記数法も伝統的なものを使うのが合理的でした。伝統というだけで現在に至るまでローマ数字を使い続けている場所はたくさんあります。例えば、現代の建築家はローマ数字を使って礎石に日付を刻んでいます。そんな非実用的な記法を使うのは意味がないと私のような現代のギークが主張しても、伝統の力は強く、多数派なのです。

ローマ数字を使い続ける実用上の理由はありません。単に、それが伝統だからです。しかし、**なぜ**という問いに対する答えは出ても、身の回りのローマ数字の使われ方には多くの不思議な点があり、それは伝統であるというだけでは説明がつきません。

よくある疑問は、「なぜ時計は IV ではなく IIII を使うのか？」というものです。

答えははっきりしていません。さまざまな説があり、どれが正解なのか、本当に確かなことを言える人はいません。よくある答えを、私の意見と一緒に紹介します。

- **I と V は神ユピテルの名前をラテン語で書いたときに先頭にくる文字なので避けたという説。**おそらくガセネタですが、今も広く引き合いに出される説です。ローマ人はユピテルの名前を書き下すことを特に問題だと思っていませんでした。神の名前を書くことにおそれを感じるのは、ユダヤ教やキリスト教の十戒からくるものです。

- **IとVはラテン語の「ヤハウェ」の名前の最初の文字なので避けたという説。**初期のキリスト教徒は神の名前を書かないというユダヤ教の習慣に従っていたので、ユピテルの説よりも信ぴょう性はありそうです。私自身はまだ疑っていますが、少なくとも歴史的な流れには整合しています。
- **時計の文字盤ではIIIIのほうがVIIIと対称的になるからという説。**かなりありえそうな説です。私たちの時計の様式は、最初の文字盤をデザインした職人にまでさかのぼります。芸術家や職人は美学や均衡に非常にこだわりますし、IVとVIIIよりもIIIIとVIIIのほうが実際**見た目が良い**のはそのとおりです。
- **IIIIを使うと時計業者が文字盤の数字を作るのに使う型が少なくて済むという説。**おそらくそうでもないでしょう。大きな違いはありません。
- **フランスの王がIVよりもIIIIの見栄えのほうを好んだという説。**もう一度言いますが、私はとても疑り深い性格です。人々は軽蔑すべき貴族に責任を負わせるのが大好きです。しかし、時計の文字盤は歴史的に見てフランスにはさかのぼりませんし、またそれを裏付ける同時代の文書もありません。
- **単なる偶然**。厳密に言ってIIIIはIVと同様に正しい表記です。そのため、時計を作り始めたある人が、たまたまIVではなくIIIIを使う人だったという説です。実際、ローマ人たちも通常はIIIIのほうをよく使っていました。これは歴史的文書でよく知られた事実です。そして、この一番最後に挙げた説が、おそらく本当の理由です。

この章を終わりにする前に、私の好みの質問を1つ。ローマ数字を使ってやることで最もばかばかしいことはなんでしょう？

手の込んだジョークとして設計された、とても愉快で滑稽なプログラミング言語があって、INTERCALと呼ばれています（この名前はCompiler Language With No Pronounceable Acronym（発音できる頭字語のない言語）の頭文字をとったものだそうです）[†1]。

INTERCALは、もともとの設計からして驚くほど恐ろしいものでした。しかしそれから、熱狂的な信者たちがこの言語を理解してもっとひどいものにしようと決めました。もともとのINTERCALには入出力の手段が何もありませんでした。そこでINTERCALをさらに完全かつ恐ろしくするため、発案者たちは入出力を追加しようと決めましたが、そこで独自のローマ数字の変種を使うことを選択しまし

[†1] INTERCALのサイトに行けば、INTERCALそのものの恐ろしさがもっとわかります。http://catb.org/esr/intercal/

た。その結果、まともなプログラマなら誰もが叫びたくなるほどの悪夢がもたらされました。INTERCAL では、数の上に横線を引いて 1000 倍を表すという、さっき触れた規則に従います。しかし INTERCAL が発明された当時はプログラミングにテレタイプが使われていて、上に横線が付いた文字はありませんでした。そこで、バックスペース文字を含んだローマ数字の変種を定義したのです。5000 は V<backspace>-のように印字されました。

これを見るだけでも、はっきりしていることがあります。アラビア数字がローマ数字に取って代わったのは**本当に**幸運なことです。ローマ数字ではすべてが面倒です。そして、もしいまだに実際にローマ数字が使われていたら、誰もが INTERCAL でプログラミングするはめになっていたかもしれません。

第10章 エジプト分数

数学が発達するにつれ、数学において何が美しくて何が美しくないかを判断する人々の視点も発達していきます。例えば古代ギリシャ人たち（現代の数学的な概念の多くは彼らによるものです）は、優美さの観点から、分数を書く方法は**単位分数**（分子が 1 の分数）だけであると考えました。分子が 1 より大きな分数を書くのは**間違い**だと考えられていました。今でも多くの数学の本では、単位分数でない分数を指すときに**卑近分数（vulgar fraction）**という用語を使っています。

言うまでもないですが、単位分数以外の分数もあります。$\frac{1}{3}$ のような単位分数は理にかなった量です。しかしそれは $\frac{2}{5}$ も同じです。それではギリシャ人は $\frac{2}{5}$ のような量をどのように扱っていたのでしょう？ 彼らは現在**エジプト分数**と呼ばれている形式で分数を表現していました。エジプト分数は有限個の単位分数の和で表現されます。例えば、卑近分数である $\frac{2}{5}$ を書く代わりに、ギリシャ人は「$\frac{1}{3}+\frac{1}{15}$」のように書きました。

10.1 4000歳の数学試験

エジプト分数の起源についてはあまりわかっていません。実際にわかっているのは、おおよそ紀元前 18 世紀のエジプトの文書に、この表記が使われていた最初の記録があることです。

その文書は**リンドパピルス**という名で知られていて、数学史全体において最も心惹かれる文書の１つです。この文書は、その構成から、どうやらエジプト数学の教科書のようなのです！ 試験の問題集に完全な解答が付いています。この文書には、代数の問題（おおよそ今私たちが使っている形式で！）や幾何の問題だけでなく、単位分数の和の形で書かれた分数の表が載っています。文書の言い回しから、この文書の執筆者は当時の数学者の間ではよく知られていた技術を記録しているが、それを庶民には秘密にしていたことが強くうかがわれます（ここで数学者と呼んでいるのは、エジプトの聖職者階級の一部の人のことで、たいていは神殿の書記です。高度な数学のようなものは、神殿の書記が秘蔵する聖なる秘技の一種だと考えられていました）。

というわけでエジプト分数がいつ誰によって発明されたかはちゃんとはわかっていません。しかし、エジプト人の時代からギリシャ人やローマ人の帝政時代を通してずっと、エジプト分数は分数の正しい数学的な記法だと考えられていました。

本章の冒頭でも言ったように、卑近分数は、中世の間ずっと不格好なもの、ひどいときには間違っているものだと見なされていました。フィボナッチは、有理数のエジプト分数形式を計算するアルゴリズムとして現在でも正当とされているものを定義しました。

フィボナッチの時代からそれほど時間が経たないうちに、卑近分数を避けることへのこだわりはなくなっていきました。しかしエジプト分数を使っている歴史的文書があったり、整数論である問題を調べるのにエジプト分数が便利な方法だったり、いまだにエジプト分数は身近なところにあります（多くの素晴らしい数学パズルの基礎として有用なのは言うまでもありません）。

10.2 フィボナッチの貪欲アルゴリズム

エジプト分数形式を求める最も重要なアルゴリズムは、私のような計算機科学のギークたちが**貪欲アルゴリズム**と呼ぶアルゴリズムの古典的な例です。貪欲アルゴリズムは、常に最短のエジプト分数形式を生成するとは限りませんが、有限の長さの分数列（不格好なこともあります）を生成して停止することが保証されています。

このアルゴリズムの基本的な考え方はこうです。卑近分数 x/y が与えられたとき、そのエジプト分数形式は次のように計算できます。

$$e\left(\frac{x}{y}\right) = \frac{1}{\lceil y/x \rceil} + e(r) \text{ ただし } r = \frac{-y \mod x}{y \times \lceil y/x \rceil}$$

もう少し使える形として同じアルゴリズムを Haskell のプログラムとして書いておきました。これを実行すると単位分数のリストを返します（Haskell 使いでない人のために解説すると、x%y は分数 x/y を作成する Haskell のコンストラクタです。そして x:y は、先頭の要素（head）が x で、先頭を除いた残りの部分（tail）が y のリストを作成します）。

```
import Data.Ratio

egypt :: Rational -> [Rational]
egypt 0 = []
egypt fraction =
  (1%denom):(remainders) where
    x = numerator fraction
    y = denominator fraction
    denom = ceiling (y%x)
    remx = (-y) ‘mod‘ x
    remy = y*denom
    remainders = egypt (remx%remy)
```

ついでに掲載しておくと、これがエジプト分数形式から卑近分数へ変換する逆操作です。

```
vulgar :: [Rational] -> Rational
vulgar r = foldl (+) 0 r
```

エジプト分数がどのような見た目で、どれだけ複雑になりえるのかを実感するために、いくつか例を見てみましょう。

例： **エジプト分数**

- 4/5 = 1/2 + 1/4 + 1/20
- 9/31 = 1/4 + 1/25 + 1/3100
- 21/50 = 1/3 + 1/12 + 1/300
- 1023/1024 = 1/2 + 1/3 + 1/7 + 1/44 + 1/9462 + 1/373029888

見てのとおり、フィボナッチのエジプト分数を計算するアルゴリズムは実に不格好な項を生成することがあります。必要以上に長い分数の列や、馬鹿みたいに大きく不格好な分母を含んだ分数の列をよく生成します。例えば、最後の分数はもっとわかりやすく (1/2+1/4+1/8+1/16+1/64+1/128+1/256+1/512+1/1024) と書けます。フィボナッチのアルゴリズムの弱点の例の 1 つが 5/121 = 1/25 + 1/757+1/763309+1/873960180913+1/1527612795642093418846225 で、これはもっと簡潔に 1/33 + 1/121 + 1/363 と書けます。

とはいえ問題は、フィボナッチのアルゴリズムがエジプト分数を計算する最も広く知られた、最も理解しやすい手法であることです[†1]。計算はできても、エジプト分数の最も短い形式を計算する格段に優れた方法や効率的な方法はわかっていません。実を言うと、最短のエジプト分数の計算に関しては計算量の下限すらわかっていません。

10.3 時に美しさは実用性に勝る

私がエジプト分数で特に面白いと感じたのは、これだけ扱いが難しいのに、こんなにも長い間にわたって生き残り続けてきたことです。エジプト分数を足し算するのは大変です。エジプト分数に整数を掛けるのも厄介ですが、2つのエジプト分数の掛け算ともなると正気の沙汰ではありません。純粋に実用性の観点からすれば、エジプト分数はまったくもってばかばかしいものです。起源150年初頭には、かのプトレマイオスもエジプト分数を厳しく非難しています！ それでも3000年近く、エジプト分数は分数を表記する主要な方法であり続けました。単位分数の美しさは、算術の扱いやすさという実用性に勝っていたのです。

エジプト分数に関係する面白い未解決問題がたくさんあります。その楽しい例を1つ紹介しておきます。偉大なハンガリー人数学者ポール・エルデシュ（Paul Erdős）は、任意の分数 $\frac{4}{n}$ に対して、きっちり3つの項からなるエジプト分数があることを証明しようとしました。総当たりで試すと、1014より小さい n については真であることが示されましたが、どう証明すればいいかは誰にもわかっていません。

[†1] デビッド・エプスタイン（David Eppstein）のエジプト分数アルゴリズムとその多くの実装を集めたウェブサイトが、http://www.ics.uci.edu/~eppstein/numth/egypt/ にあります。

第11章

連分数

整数でない数を書く方法は面倒でイライラさせるものです。

選択肢は2つあります。分数として書くか、小数として書くかです。しかし、どちらも深刻は問題をはらんでいます。$\frac{1}{3}$ や $\frac{4}{7}$ のように分数で簡単に書ける数もあります。これらは問題ありません。しかし、π のように分数として書けない数もあります。

π のような数については、それに**近い**分数はあります。$\frac{22}{7}$ はよく知られた π の近似値です。しかし π のような場合には分数は最悪です。もう少しだけ精度を上げる必要がある場合に、分数をちょっとだけ変えるという方法はとれません。まったく似ていない別の分数を考える必要があります。これは小数が素晴らしい理由の1つです。π のような数を3.14のような小数形式で近似できます。もう少し精度を上げる必要がある場合には、3.141や3.1415といった具合に数字を付け加えればよいのです。

しかし小数にも分数にはない問題があります。分数でぴったり書ける多くの数を小数では正確に書けません。$\frac{1}{3}$ とは書けますが、小数では？ 0.33333333… と永遠に続いてしまいます。

どちらもそれぞれ数の優れた表現です。しかしどちらもそれぞれうまくいかないところがあります。

もう少しうまい方法はないのでしょうか？ 実はあります。分数を書くもう1つの方法があって、その方法は分数の良いところをすべて残しながら小数で書く利点もすべて兼ね備えているのです。それは**連分数**と呼ばれる方法です。

11.1 連分数

連分数はとても素敵な分数です。考え方はこうです。まず、分数での表示がわからない数を用意します。その数より少しだけ大きい単位分数 $\frac{1}{n}$ で一番近いものを取ります。例えば 0.4 に対しては少しだけ大きい $\frac{1}{2}$ を取ります。これが分数による数の最初の近似値となります。しかし、これではちょっと大きすぎます。分数の値が求めるものよりも大きい場合は、その分数の分母が小さすぎるということなので、分母を少しだけ大きくする補正を加えて改善する必要があります。この基本的な原則で連分数が作れます。分母の調整を続けるだけでいいのです。具体的には、分母に必要な量よりちょっとだけ大きい分数を足して分母に対する補正を行い、この補正に補正を加えていきます。

例を見てみましょう。

例：　2.3456 を連分数として表せ。

1. これは 2 に近いです。そこで 2 + (0.3456) から始めます。
2. 分数の見積もりから始めましょう。0.3456 の逆数を計算して、その結果の整数部分を取ります。$\frac{1}{0.3456}$ の小数点以下を切り捨てると 2 になります。したがって、$2+\frac{1}{2}$ とします。この分母はおよそ 0.893518518518518 ほど不足しているとわかります。
3. 再び逆数を取って 1 を得ますが、これはおよそ 0.1191709844559592 ほど不足しています。
4. また逆数を取って 8 が得られ、およそ 0.3913043478260416 の不足となります。
5. 次は 2 が取れて、不足分はおよそ $\frac{5}{9}$ となります。
6. このまま続けると 1、1、4 となり、これで残る誤差はありません。

これで連分数の計算ができました。2.3456 を連分数で表すとこうなります。

$$2.3456 = 2\cfrac{1}{2+\cfrac{1}{1+\cfrac{1}{8+\cfrac{1}{2+\cfrac{1}{1+\cfrac{1}{1+\frac{1}{4}}}}}}}$$

連分数には略記があって、通常は角括弧で囲われたリスト表記で書きます。整数部分が先頭にきて、セミコロンが続き、分数の分母の列をカンマ区切りで並べます。したがって 2.3456 の連分数は $[2;2,1,8,2,1,1,4]$ と書きます。連分数を項の並びとしてこの形式で書いたときに、並びのそれぞれの項を**部分商**と呼びます。

このアルゴリズムを視覚的に理解するとても素敵な方法があります。その方法を使って 2.3456 の全体を描くのは難しいので、2.3456 を視覚的に表す手順は説明しないでおきます。代わりにもっと単純な数で見てみましょう。$\frac{9}{16}$ を連分数として書いてみます。

この分数の格子模様から描き始めましょう。格子の列の数は分母の値で、格子の行の数は分子の値です。$\frac{9}{16}$ では、次の図 11.1 に描かれているように、格子は横に 16 マス、縦に 9 マスとなります。

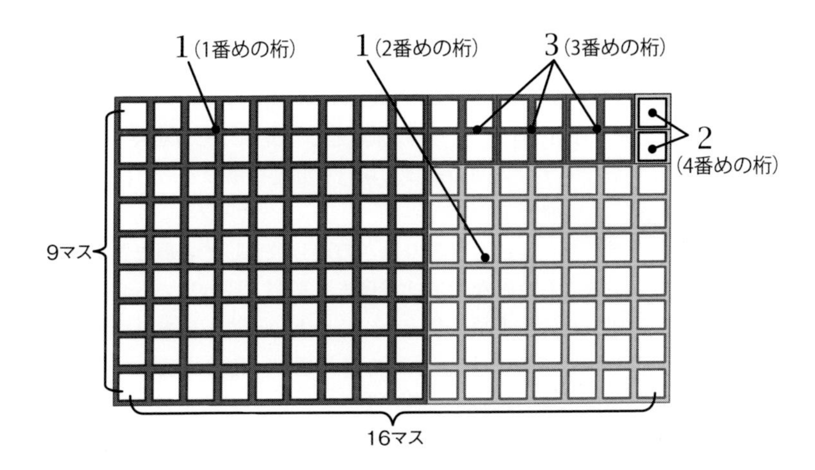

▶ 図 11.1 図形で連分数を計算する： 連分数を計算するのに最もよく使われるアルゴリズムは、図形的には高さと幅が分数の分子と分母に対応する格子から、できるだけ大きな正方形を取り除く操作で表現できます。1×1 の正方形だけになったら、連分数の展開はそこで完了です。

まず格子の上に描ける一番大きな正方形を描きます。その大きさの正方形で描ける数が連分数の最初の項です。$\frac{9}{16}$ では 9×9 の正方形が 1 つだけ描け、これが描ける正方形の一番大きなものなので、最初の部分商は 1 です。その正方形を塗りつぶすと 7×9 の長方形が残ります。

この手順を繰り返します。もう一度描ける中で一番大きな正方形を描きます。7×7 の正方形が描け、これも描けるのは 1 個だけです。したがって 2 つめの部分商は 1 で、7×2 の長方形が残ります。

この手順を繰り返すと、描ける中で一番大きな正方形は 2×2 のものになりますが、今回はそれを 3 つ描けます。これは次の部分商が 3 ということです。そして 1×2 の長方形が残り、そこには 1×1 の正方形が 2 つ描けます。したがって最後の部分商は 2 です。

これで正方形はすべてなくなりました。$\frac{9}{16}$ の連分数展開は $1/(1+1/(1+1/(3+1/2)))$、つまり [0; 1, 1, 3, 2] です。

11.2 すっきりしていて、明快で、ただただ楽しい

連分数は本当に面白いものです。理論的な視点からも面白いし、楽しさの視点からも面白いという、珍しい特性があります。

普通の分数では逆数を取るのは簡単です。単に分子と分母を入れ替えればいいだけです。これを連分数でやるのは難しいように見えますが、そうではないのです！2.3456 を例に取ってみましょう。その連分数表示は $[2;2,1,8,2,1,1,4]$ です。その逆数は $[0;2,2,1,8,2,1,1,4]$ です。整数部分として先頭にゼロをくっつけて、全体を 1 つ右にずらすだけです。先頭がゼロの場合は、そのゼロを取り除いて全体を 1 つ左に戻します。

連分数を使うと、どんな有理数も有限の長さの連分数として表現できます。無理数は通常の分数でも小数でも有限な形には書けませんが、連分数でも有限な形には書けません。しかし連分数は、小数より使いにくいということはありません（むしろ小数よりも少しだけ優れています）。小数では先頭の一部分を使って無理数の近似値を書きます。つまり、数の先頭から数字を書いていって、十分な精度が得られたところで止めます。より高い精度が必要な場合は、数字をもっと付け加え、より良い近似値にしていきます。連分数でも基本的に同じことをしていきます。部分商の列を使って近似値を書き、さらに精度が必要な場合は、より多くの部分商を付け加えていきます。

実を言うと連分数のほうがちょっと良い値になります。無理数の連分数形式は誤差を修正していく分数の無限列であり、これは、どんどん改善されていく無理数の近似値の無限列であると理解できます。小数と違うのは、連分数では次の部分商を正確に求めるのが簡単なことです。具体的には、連分数を作成するのに使った手続きを**漸化式（recurrence relation）**と呼ばれる関数に変換できます。この関数は、それまでに決定した部分商の列を引数に取って、次の部分商を計算します。この漸化式は連分数が持つ美しさです。次の数字を正確に計算する関数は、小数では定義できません。

連分数のもう 1 つの美しさは、その精度と簡潔さです。連分数による近似に部分商を 1 つ付け加えると、小数による近似に 1 桁付け加える以上に情報が増えることがあります。例えば $\pi = [3;7,15,1,292,1,\ldots]$ であることが知られています。π の連分数展開が最初の 6 つまで計算できているとして、ここまでの値は小数形式で

3.14159265392... と表されます。これは π の値の小数点以下 9 桁まで一致しています。小数形式で 9 桁の精度を得るためには、連分数では数字にして 8 個ぶんの 5 つの部分商が必要です。連分数形式にすることで簡潔になる効果は、一般にはこれよりも大きくなります！

単にかっこいいだけでなく、連分数はとても面白い特性を持っています。中でも重要なのは、多くの数が連分数形式ではすっきりした明快な表示になることです。特に、目につく構造やパターンのない数でも連分数で表示すると深いパターンが明らかになることがあります。

例えば、平方数でない整数の平方根は無理数です。たいていの場合、そこには目に見える構造はありません。例えば 2 の平方根を小数形式で書くと 1.4142135623730950... となります。しかし、連分数形式で書いてみると、$[1; 2, 2, 2, 2, 2, \ldots]$ が得られます。平方数でない整数の平方根にはすべて、連分数にすると繰り返しの形式が出てきます。

もう 1 つのすごい例は e です。e を連分数で書くと $e = [2; 1, 2, 1, 1, 4, 1, 1, 6, 1, 1, 8, 1, 1, 10, 1, 1, 12, 1, \ldots]$ を得ます。この例や他の多くの例でも、連分数形式にすると数に隠された構造があらわになります。

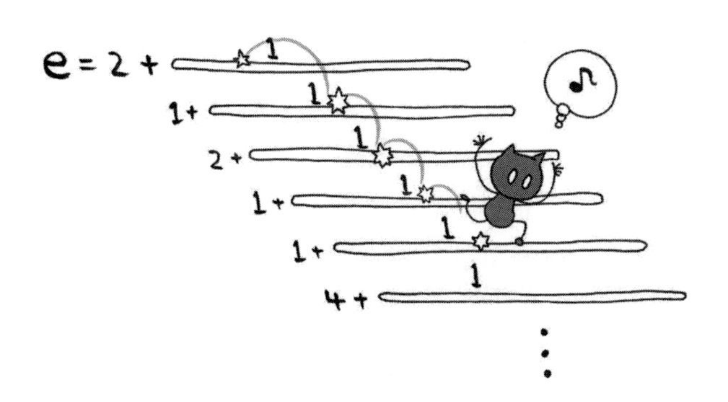

ほかにも連分数のかっこいい特性があります。数を書くときには**基数**があり、特定の数のべき乗を使って書きます。十進数ではすべてを 10 のべきで書きます。例えば 32.12 は $3 \times 10^1 + 2 \times 10^0 + 1 \times 10^{-1} + 2 \times 10^{-2}$ です。基数を変えると、数の表現は完全に変わります。基数 10 での 12.5 は、基数 8 では 14.4 になります。しかし連分数では、異なる基数でも部分商の列は完全に同じです。

11.3 算術計算

ここで自然に出てくるであろう疑問は「これで実際に算術計算を行うことはできるのか？」でしょう。連分数はきれいで面白いものですが、実用に耐えるのでしょうか？ 連分数で算術計算ができるのでしょうか？

答えはなんと「はい」なのです（ただしあなたがコンピュータならね）。

長い間、誰も連分数での算術計算を実現できませんでした。1972年になってやっと、ビル・ゴスパー（Bill Gosper）という面白い男が解法にたどり着きました†1。ゴスパーの手法を細かいところまですべて見ていくのは大変ですが、基本的なアイディアはそう難しくありません。

ゴスパーが見抜いた根本にある本質は、「現在私たちが**遅延評価**と呼んでいるものが連分数の算術計算に使える」というものです。遅延評価を使うと連分数の数字をすべていっぺんに計算する必要がなくなります。必要になったときに1つずつ計算すればよいのです。

現代のソフトウェアの観点で言えば、その手法は連分数を2つのメソッドを持つオブジェクトとして扱うものだと考えることができます。

Scala（私が好きな言語です）ではこんなふうになります。

```
trait ContinuedFraction {
  def getIntPart: Int
  def getPartialQuotient: Int
  def getNext: ContinuedFraction

  override def toString: String =
    "[" + getIntPart + "; " + render(1000) + "]"

  def render(invertedEpsilon: Int): String = {
    if (getPartialQuotient > invertedEpsilon) {
      "0"
    } else {
      getPartialQuotient + ", " + getNext.render(invertedEpsilon)
    }
  }

}
```

†1 アルゴリズムを記述したゴスパーの原論文が http://www.tweedledum.com/rwg/cfup.htm で読めます。

ここで定義したScalaの`trait`を使って、浮動小数点数から連分数を作る連分数クラスを実装できます。

```
class FloatCfrac(f: Double) extends ContinuedFraction {
  def getIntPart: Int =
    if (f > 1) f.floor.toInt
    else 0

  private def getFracPart: Double = f - f.floor

  override def getPartialQuotient: Int =  (1.0/getFracPart).toInt

  override def getNext: ContinuedFraction = {
    if (getFracPart == 0)
      CFracZero
    else {
      val d = (1.0/getFracPart)
      new FloatCfrac(d - d.floor)
    }
  }
}

object CFracZero extends ContinuedFraction {
  def getIntPart: Int = 0
  def getPartialQuotient: Int = 0
  def getNext: ContinuedFraction = CFracZero
  override def render(i: Int): String = "0"
}
```

このコードは連分数の計算で使ったアルゴリズムを、そっくりそのまま実装しています。

ゴスパーが次に見抜いた本質は、「連分数での計算結果における次の部分商を得るには、計算対象の2つの連分数のうち有限な部分だけしか必要としない」というものです。したがって、計算結果の次の部分商を計算するのに必要なだけの部分商を、計算対象の連分数から引っ張ってくればいいのです。

実際のアルゴリズムはかなり複雑です。しかしその要点は、範囲が0から無限までの幅になってしまうとしても計算結果の次の部分商がどの範囲の値になるかを常に決定できる、ということです。計算対象の2つの連分数から次の部分商を取ってくればくるほど、部分商の範囲を狭めることができます。そして、いつか十分な個数の部分商を引っ張ってきた時点で整数1つぶんの範囲にまで狭められ、その整数が求めていた部分商となります。次の部分商がわかってしまえば、残りの部分を新しい連分数として表せます。2つの引数の連分数のうち、まだ取得していない部分商どうしの算術計算の結果は、不明な残り部分としておきます。

ゴスパーが見抜いた本質によると、連分数は計算機プログラムにとてつもなく向いている記数法となります。ゴスパーの連分数の算術計算アルゴリズムは非常に高精度です！ そして基数が10であることによる影響も受けていません！ また、どれくらいの精度を求めるかをその場その場で決められる方法であり、簡単に計算できます！ 実装方法を理解するのは辛いですが、できてしまえば実装自体は非常に単純で、実装が完了したらそれを使うだけで計算できてしまいます。

ゴスパーの手法を理解していれば、連分数はあらゆる点で美しいものになります。これまで見たようなかっこいい特性だけでなく、連分数による算術計算は、必要なだけの精度を完璧に持ったものになるのです！ なんて美しいのでしょう。

第IV部

論理

数を扱うだけが数学ではありません。算数より先に進み抽象的な対象を扱うようになると、数学の楽しさがはっきり見えてきます。すべての抽象概念は 2 つの基礎概念を使って組み立てられます。論理と集合です。そういうわけで、これから論理について見ていきましょう。

この部では、論理とは何か、証明とは何なのか、そして、ある命題が前に出てきた他の命題から**論理的に従う**とはいったいどういう意味なのか、ということについて探求します。いくつかの論理を眺めて、さまざまな論理がさまざまな種類の論証を記述できることを理解し、論理のうえに組み立てられたプログラミング言語で遊ぶことで、論証の力を探求していきます。

第12章 ミスター・スポックは論理的じゃない

私はSF（サイエンスフィクション）の大ファンです。それどころか家族全員がSFマニアです。私が子どものころ、毎週土曜日の午後6時は“スタートレック”の時間で、地方局がオリジナルシリーズの再放送を流していました。土曜日の6時には必ずみんな家にいて、全員がテレビの前に集まりスタートレックを観ていました。本当に楽しい思い出です。ですがスタートレックについては、一点だけ、生みの親であるジーン・ロッデンベリー（Gene Roddenberry）と番組に対して許せないことがあります。登場人物のミスター・スポックが劇中で「しかしそれは非論理的です」と言うたびに「論理」という言葉が誤用されていることです。

多くの人が、このミスター・スポックの発言を聞いて、「論理」とは「筋が通っている」ことや「正しい」ことを意味すると覚えてしまいました。人々が何かが論理的であるというとき、たいてい彼らの言わんとするところは、それが論理的だという意味では**ありません**。むしろ正反対です。つまり、常識的に考えて正しいと言っています。

「論理」という言葉を正しく使っているなら、単に何かが論理的だということは、それが正しいかどうかとは関係ありません。どんなものでも、そう**とにかくなんでも**、論理的になりえるのです。何かが論理的であるためには、いくつかの前提から論証していった例として妥当でありさえすればいいのです。

例えば私があなたに、「私の車がウラニウムから作られていたならば、月はチーズでできている」という主張は論理的だ、と言ったらどうでしょうか。あなたは私が狂ったと思うでしょう。ふざけたばかばかしい言明で、直感的には真ではありません。ミスター・スポックならきっと、それは非論理的です、と言うでしょう。しかし、実際には論理的**なのです**。述語論理の標準的な規則のもとでは、これは真な命題です。ばかばかしい命題だからといって不適切ということにはなりません。論理から真だと判断されるので、論理的なのです。

どうだったら論理的なのでしょう？ 何かが論理的だと言ったら、その何かが論証の形式的な体系を使って推論もしくは証明できる、という意味です。数学者が最もよく使う**一階述語論理（first-order predicate logic：FOPL）**と呼ばれる論理では、「もし～ならば」という文（形式的には**含意（implication）**と呼ばれます）は、「もし」の部分が偽であるか「ならば」の部分が真であれば真です。「もし」の部分に何か偽なものを持ってきたら、「ならば」の部分に**とにかくなんでも**持ってくることができ、そうすると、「もし～ならば」文全体は**論理的に真**となります。

しかし、もっと大事なことがあります。私たちが普段話している意味での論理は、本当は１つではないのです。論理とは、推論規則を備えた形式証明体系の総称です。たくさんの論理があり、ある体系で妥当な結論（つまり論理的）となる命題でもほかの体系ではそうでないことがあります。単純な例は**排中律（law of the excluded middle）**という規則です。知っている人も多いでしょう。排中律とは、与えられた命題 A に対し「A または A でない」が真であることをいいます。排中律は、FOPL においては常に真である命題（**恒真式（tautology）**と呼ばれます）の一種です。しかし私たちが使える論理にはもっとたくさんの種類があります。**直観主義論理（intuitionistic logic）**と呼ばれるとても有用な論理があって、直観主義論理では「A または A でない」が必ずしも真**ではありません**。「A」が証明できるか「A でない」が証明できれば「A または A でない」を証明できますが、「A または A でない」がなんの前提もなしに成り立つ保証はありません。

論理は、あなたがたぶん思っているよりもずっと多種多様です。FOPL と直観主義論理はそこそこ似ていますが、ほかにも**たくさん**の種類の論理があり、それぞれ違ったことに役に立ちます。FOPL は代数と幾何の証明には向いていますが、時間について語るのは**下手くそ**です。FOPL では「今夜は 6 時までお腹が空きそうにない」のような命題に含まれる時間についての意味をうまくとらえて何かしら言うための方法がありません。しかし、CTL と呼ばれる論理（第 15 章で説明します）のような、この手の命題を扱えるように設計された論理もあります。逆に、そういう論理は FOPL が得意なことにはあまり役立ちません。どの論理も、ある目的、ある特定の論証を行うために設計されています。それぞれの論理が、さまざまなことを証明する多用な手段として使えるのです。

“スタートレック”とミスター・スポックには正しいところもあります。それは、先入観とか偏見を持ち込まないという、論理の基本的な要件の 1 つに関する態度です。ミスター・スポックは、原則として、物事を感情抜きで理解できる形式に落とし込もうとしていました。しかし、あなたは論理的だと言うだけではあまり意味がないのです。**どの論理**を使っているのかを言う必要があります。論証を行うのにどの公理（基礎的な事実）を使っているのか、その論理ではどのような論証が許されているのかを言う必要があります。

同じ議論が、ある論理では論理的に妥当で正しく、別の論理では論理的に妥当でなく正しくないこともあります。同じ論理においてさえ、基礎となる事実の集合が違えば似たようなことが起こりえます。論理と公理を指定しなければ、結論が論理的だと言ったところで、実際には何も語っていないのです。

12.1 それでは論理って何なのでしょう？

論理とは、機械的な論証の体系です。その体系を使うことで、中立的な記号形式として議論を表現でき、その記号形式を使って議論が妥当かそうでないのかを決定できるようになります。論理で重要なのは意味ではありません。重要なのはそこではなく、議論を支えている論証の各段階が 1 つ前の段階から順を追って従っているかどうかです。論理が強力な道具であるのは、論証を行うときに意味を無視するからだといえます。論理は議論のある一方に偏ることはありません。なぜなら、論理にとって議論にはなんの意味もないし、関与するところではないからです！

こうした偏りのない論証を行うには、厳密な形式的な方法で論理を構築する必要があります。形式的であることで、その論理における論証（形式的には**推論**
(inference)と呼ばれます）を現実の議論に適用したときに、正しい結果になるとわかるのです。

こんなことを気にするのは、論理が私たちの論証の根幹であり、論証は私たちのコミュニケーションの根幹だからです！　すべての政治討論、すべての哲学的議論、すべての技術論文、すべての数学的証明、すべての**議論**には、その中心に論理的な構造があります。私たちは論理を使うことで、その中心をとらえて構造が見えるようにします。単に見えるようにするだけでなく、理解し、検討し、最終的にはそれが正しいかどうかを調べます。

すべてを形式的にするのは、議論を分析するときに先入観を持たないようにしたいからです。形式的にすることで、私たちの論理体系が本当に信頼でき、体系的で、客観的であると確信できます。論理では、議論を受け取り、**その意味を知らないまま**、正しさを評価できる記号的な形式に落とし込みます。意味を考えてしまうと、直感的理解に惑わされやすくなります。何についての議論なのかを知っていると、先入観が入り込みやすくなります。しかし論理によって、原則として機械的に評価できる記号へと議論を落とし込めます。

形式的には、論理は3つの部分からなります。構文論、意味論、そして推論規則の集合です。構文論は、その論理の命題が厳密にどのような姿をしていて、どのように読み書きすべきかを教えてくれます。意味論は、論理の抽象的で記号的な命題と論証を行う概念や対象との間の対応付けを示すことで、論理の命題が何を意味するかを教えてくれます。最後に推論規則は、論理で書かれた命題の集合を与えられたとき、論理の中でどんな論証が行えるかを記述します。

12.2　FOPL、論理的に

まず最初に知る必要があるのは、論理の**構文論**です。論理の構文論は、その論理の命題の読み方と書き方を形式的に指定するものです。構文論は、命題やその意味を**理解する**方法は指示しません。単に命題がどんな姿をしていて、どのようにそれらを正しく組み合わせるか、ということを教えてくれるだけです。

論理では、命題の意味が構文論とは区別されます。意味の部分は、論理の**意味論**と呼ばれます。FOPLの意味論はそれほど難しくありません。意味論が単純だからではなく、あなたがそれを毎日使っているからです。毎日聞いている議論のほとんど、論証のほとんどはFOPLであり、気づいていないかもしれませんが、実はFOPLに慣れ親しんでいるのです。

ここではFOPLの基本的な構文論と意味論を一緒に見ていくことにしましょう。そのほうがだいぶ理解しやすいはずです。まずは論証を行う対象から始めます。

論理で大事なのは、物事について論証ができることです。対象となる物事は、車や人々のような具体的なものでも、三角形や集合のような抽象的な存在でもかまいません。しかし論理を使って論証をするためには、物事を表す記号を使う必要があります。論証する物事に対して、**定数(constant)**もしくは**アトム(atom)**と呼ばれる記号を導入します。各アトムは、論理を使って論証できる特定のものや数や値を表現します。もし私が家族について論証を行いたければ、定数は私の家族の名前や住んでいる場所などになるでしょう。以降の説明では、定数のことを、数もしくは引用符でくくった単語として書くことにします。

特定のものに言及したいのでなければ、**変数(variable)**が使えます。例えば、すべての人には父親がいる、といった具合にすべてのものになんらかの特性があると言いたい場合、「マークには父親がいる」「ジェニファーには父親がいる」「レベッカには父親がいる」などと延々と書きたくありません。命題を 1 つだけ書いて、すべての人について正しいと言えるようにしたいです。変数を使えばそれができます。変数そのものはなんの意味も持っていません。変数の意味は文脈から得られます。それがどういうことなのかは、もう少し後で**量化子(quantifier)**の話題になったときに見ていきましょう。

FOPL に必要な最後のものは**述語(predicate)**です。述語は、物の特性や物どうしの関係を記述する関数みたいなものです。例えば、「マークには父親がいます」と言うとき、「父親がいる」という言葉が述語です。この本の例では、述語を先頭が大文字の識別子で書いて、その述語が語っている対象を括弧でくくって後ろに付けます。FOPL で「マークの父親はアーヴィングだ」という命題を書きたい場合は、*Father*("アーヴィング","マーク") と書きます。

すべての述語には、定義するときに、どんなときに真になりどんなときに偽になるかを示します。今の例で述語 *Father* を使いたいならば、その定義で、この述語がいつ真になるかを説明する必要があります。この場合には述語の名前から明らかに思えるかもしれません。「ジョーはジェーンの父親（father）だ」と言えば何を意味するかわかります。しかし論理は正確である必要があります。もしジョーが実際にはジェーンの養父だった場合、*Father*("ジョー","ジェーン") は真であるべきでしょうか？ 家族関係に関心があるのであれば、答えは「はい」となるべきです。生物学的な関係に関心があるのであれば、答えは「いいえ」となるべきです。この例では、生物学的な関係について語っているとしましょう。

パラメータに値が指定された述語は、**単純事実(simple fact)**または**単純命題(simple statement)**と呼ばれます。

手元にある命題を修正したり組み合わせたりして、もっと面白い命題を作成できます。組み合わせと修正の一番単純なものは「かつ」(**連言(conjunction)**)、「または」(**選言(disjunction)**)、「でない」(**否定(negation)**) です。形式的構文論では、記号 $\wedge$ を「かつ」として、記号 $\vee$ を「または」として、記号 $\neg$ を「でない」として使います。

これらの記号を使って、$Father$("マーク","レベッカ") ∧ $Mother$("ジェニファー","レベッカ")（マークはレベッカの父親であり、かつ、ジェニファーはレベッカの母親である）、$YoungestChild$("アーロン","マーク") ∨ $YoungestChild$("レベッカ","マーク")（アーロンはマークの一番年下の子どもである、または、レベッカはマークの一番年下の子どもである）、¬$Mother$("マーク","レベッカ")（マークはレベッカの母親ではない）というように書けます。

「かつ」「または」「でない」は、すべて**ほぼ**予想どおりの働きをします。A が真であり B も真である場合に、$A \wedge B$ は真となります。A が真である場合か、B が真である場合に、$A \vee B$ は真となります。A が偽である場合に、$\neg A$ は真となります。

論理的な「**または**」には、1つだけちょっと変わったところがあります。日常会話では、「ハンバーガーかチキンサンドイッチが食べたい」と言った場合、その意味はハンバーガー**または**チキンサンドイッチの**どちらか**が食べたいということであり、両方ではありません。論理的な「**または**」では、$A \vee B$ は A と B のうち**少なくとも**1つが真のときに真となります。**両方とも**真でもOKです。日常会話的な意味の**または**は、FOPLでは**排他的論理和（exclusive or）**と呼ばれます。論理を定義するとき、排他的な**または**は定義しません。なぜなら排他的論理和は他の命題を使って書けるからです[†1]。

∧、∨、¬ があれば、作りたい命題はすべて作れます。しかし本当に欲しいものが1つ足りません。**含意**として知られる**もし〜ならば**です。含意はすべての種類の議論で共通して使う有用な道具なので、含意は直接書けるようにしたいのです。厳密に言えば、**かつ、または、でない**を使えば含意を書けることは書けるので、必ずしも必要なわけではありません。しかしとても便利なので、とにかく付け加えたいのです。含意には2種類あります。**単純なもし**と**もし〜ならば、かつそのときに限り**です。

単純な「もし」を表す命題は $A \Rightarrow B$ と書かれ、「AならばB」や「もしAならばB」と読みます。この意味は、もし A の部分が真ならば、B の部分も真でなければいけない、ということです。反対もまた然りです。B の部分が偽であれば、A の部分も偽でなければいけません。

もし〜ならば、かつそのときに限りは $A \Leftrightarrow B$ と書かれ、「もしAならば、かつそのときに限りB」と読みます[†2]。**もし〜ならば、かつそのときに限り**は論理における等号だと考えられます。$A \Leftrightarrow B$ は、A と B が両方とも真であるか、A と B が両方とも偽であるときに、真となります。両方向の矢印記号が示唆するように、$A \Leftrightarrow B$ は厳密に $A \Rightarrow B \wedge B \Rightarrow A$ と同じです。

---

†1　A と B の排他的論理和は $(A \vee B) \wedge \neg(A \wedge B)$ と書けます。

†2　［訳注］英語では "A if-and-only-if B" と読み、これを縮めて "A if/f B" とも書きます。日本語に "if/f" に相当する訳語はないようです。

これらの結合子を使うことで、基本的な論理命題をすべて組み立てることができます。しかし、まだ記述できない興味深い議論があります。さっき見たような単純な命題だけでは不十分なのです。その理由を知るために、最も単純でよく知られた議論の1つを例に見てみましょう。古代ギリシャの哲学者アリストテレスが考えた例です。

1. すべての人間は死すべきものである
2. ソクラテスは人間である
3. ゆえにソクラテスは死すべきものである

ここまでのFOPLの知識では、この議論を書けません。特定のアトムについての特定の命題を書く方法は知っていて、ステップ2と3は*Is_A_Man*("ソクラテス")、*Is_Mortal*("ソクラテス")と書けます。しかし1つめの命題は書けません。「すべての人間」と言う方法を知らないので、「すべての人間は死すべきものである」と言う方法もわかりません。これは**すべての**アトムについての命題で、すべてのアトムについての一般的な命題を作る方法がまだないのです。

すべての取りえる値についての一般的な命題を作るには、**全称命題(universal statement)**を使います。全称命題は $\forall a : P(a)$（「すべての a について $P(a)$」と読みます）と書き、a の取りえるすべての値に対し $P(a)$ が真ということを意味します。

全称命題が現れるのは、ほとんどの場合、含意の命題の中です。全称命題を使うことで、命題の対象を取りえる値すべてではなく特定の集合に制限できます。さっきの死すべきソクラテスの例では、全称命題「すべての人間は死すべきものである」は $\forall x : Is\_A\_Man(x) \Rightarrow Is\_Mortal(x)$（「すべての x について、もし x が人間ならば、x は死すべきものである」）と書けます。これは頻繁に使うので、略記があって、$\forall x \in Is\_A\_Man : Is\_Mortal(x)$ と書きます。

最後にもう1つ、**存在**命題と呼ばれるものを使ってできるようにしたいことがあります。存在命題を使うと、命題が何であるかを厳密に知らなかったとしても、命題を真にする値が必ずあることを言えます。例として家族についての命題を使うと、存在命題によって私には必ず父親がいることを言えます。$\exists x : Father(x,$ "マーク")とすればいいのです。これは「x が存在して、x はマークの父親である」と読みます。

存在量化子（$\exists$）は、全称量化子（$\forall$）と組み合わせたときに最も効果を発揮します。私には必ず父親がいる、という発言は、特に有用な命題ではありません。私の父親が誰かはわかっているからです。しかし、存在量化子と全称量化子を組み合わせると、$\forall x : \exists y : Father(y, x)$ のようにして、**すべての人に**父親がいる、といえます。これは常に真です。これは人間の生物学的な基本的事実です。ある人を見たならば、その人には必ず父親がいます。その父親が誰だかはわからないかもしれません。実は、その人も自分の父親が誰か知らないかもしれません。しかし疑いなく、その人には父親が**いる**ことは知っています。量化子を組み合わせて使うことで、それを言うことができるのです。

12.3 何か新しいのを見せて！

ここまで論理の言語を見てきました。命題をどのように読み書きし、その意味をどのように理解するかを見てきました。しかし、今のところ命題を書くための言語しか習得していません。それを論理に変えてくれるのは、物事を**証明する**能力です。論理の証明は**推論**によってなされます。推論を使うと、知っていることから新しい事実が証明でき、知っていることを増やせます。

この節ではFOPLの推論規則全体を詳細に見ていくことはしません。ちょっとした推論を説明するのに十分な例をいくつか紹介するだけにします。次の章では、証明の検査に役立つ形で、すべての規則を詳細に見ていきます。今は推論がどんなふうに働くのか感覚をつかんでもらいたいので、ちょっとだけにしておきます。

- **モーダスポネンス**

  これは述語論理で最も基礎になる規則です。$P(x) \Rightarrow Q(x)$（$P(x)$ ならば $Q(x)$）および $P(x)$ を知っている場合、$Q(x)$ が必ず真になると推論できます。

  この逆も同じようにできます。$P(x) \Rightarrow Q(x)$ および $\neg Q(x)$（$Q(x)$ が偽）を知っている場合、$\neg P(x)$ と結論付けられます。つまり $P(x)$ が必ず偽になるということです。

- **弱化**

  $P(x) \wedge Q(x)$ が真だと知っている場合、$P(x)$ が必ず真になると推論できます。

  同様に $P(x) \vee Q(x)$ が真であること、および $Q(x)$ が偽であることを知っている場合、$P(x)$ は必ず真になります。

- **全称除去**

  $\forall x : P(x)$ が真であり、"a" がある特定のアトムであると知っている場合、$P(\text{"a"})$ が真だと推論できます。

- **存在導入**

  x が未使用の変数で、$P(\text{"a"})$ が真であると知っている場合、$\exists x : P(x)$ が真であると推論できます。

- **全称導入**

  x についての前提知識なしに $P(x)$ が真であることの証明ができた場合、それを一般化して $\forall x : P(x)$ ということができます。

論理を使った論証は、証明がなくても真であると知っている基本的な事実である公理の集合から始めます。命題は、論理において、公理と推論規則を使って証明される場合に真となります。

もう一度、私の家族の例で考えましょう。これが私の家族に関する公理の集合です。

- 公理 1. $Father$("マーク","レベッカ")（マークはレベッカの父親です）
- 公理 2. $Mother$("ジェニファー","レベッカ")
- 公理 3. $Father$("アーヴィング","マーク")
- 公理 4. $Mother$("ゲイル","マーク")
- 公理 5. $Father$("ロバート","アーヴィング")
- 公理 6. $Mother$("アンナ","アーヴィング")
- 公理 7. $\forall a, \forall b : (Father(a,b) \vee Mother(a,b)) \Rightarrow Parent(a,b)$
- 公理 8. $\forall g, \forall c : (\exists p : Parent(g,p) \wedge Parent(p,c)) \Rightarrow Grandparent(g,c)$

では、これらの公理と推論規則を使って、アーヴィングがレベッカの祖父であることを証明しましょう。

例： アーヴィングがレベッカの祖父であることを証明せよ。

1. 公理 1 より $Father$("マーク","レベッカ") とわかっているので、$Parent$("マーク","レベッカ") と推論できます。これを推論 I1 と呼ぶことにします。
2. 公理 3 より $Father$("アーヴィング","マーク") とわかっているので、$Parent$("アーヴィング","マーク") と推論できます。これを推論 I2 と呼ぶことにします。
3. I1 と I2 より $Parent$("アーヴィング","マーク") と $Parent$("マーク","レベッカ") とわかっているので、$Parent$("アーヴィング","マーク") $\wedge$ $Parent$("マーク","レベッカ") と推論できます。これを推論 I3 と呼ぶことにします。
4. I3 より $Parent$("アーヴィング","マーク") $\wedge$ $Parent$("マーク","レベッカ") とわかっているので、公理 8 を使って $Grandparent$("アーヴィング","レベッカ") と推論できます。
5. 証明完了。

ある論理で、その規則に従って築かれた一連の推論のことを、**証明**と呼びます。さっきの例における一連の推論は、一階述語論理の証明です。ぜひ注目してほしいのは、証明がすみからすみまで記号操作であることです。アトムが何を表現しているのか知る必要はありませんし、述語が何を意味するかを知る必要もありません！論理の推論手順は純粋な記号操作であり、証明しようとしている命題が何を意味するかの手がかりを一切使わずに完了できます。推論とは、推論規則を使い、与えられた前提の集合から結論を導き出す単純な手順です。適切な前提の集合を与えられると、**だいたいどんな**命題でも証明できます。前提**と**論理の両方が選べるならば、**絶対にどんな**命題でも証明できます。

第 1 章の帰納的な証明をやり直してみて、今度は論理的推論をどのように使っているかを明確にしましょう。

例：　すべての n に対して、0 から n までの自然数の和は $n(n+1)/2$ である。

1. 帰納法の規則を論理の言葉で言うと、次のような含意命題になります。「**もし**その命題が 0 について真であり、**かつ**、命題が $n-1$ について真ならば n についても真であることが 1 以上のすべての値 n に対して示せたならば、命題はすべての n について真となる」。これを利用して証明を行います。
2. この含意命題を使うには 2 つのケースを示す必要があります。まずは基底ケースから始めましょう。$n=0$ のときに、$n(n+1)/2=$「0 から n までの自然数の和」となることを示す必要があります。証明を完成させたいなら、実際には形式的なペアノ算術に基づいた足し算と掛け算の定義を使って論証を行う必要があります。掛け算の定義では、ゼロ掛ける何かはゼロです。したがって、これを論理的な等式として使い、$n(n+1)$ を 0 で置き換えられます。すると 0 から 0 までの和は 0 なので、基底ケースが証明されました。推論した事実として、0 について真であることがわかりました。
3. 次は帰納的な部分です。帰納的な部分自体は含意命題です。証明しようとしている事実を述語 P とすると、やりたいことは、すべての n について、$P(n)$ ならば $P(n+1)$ を示すことです。これを全称導入の推論規則を使って行います。**制限なしの** n で証明を進めることで、n から $n+1$ の推論が真であることを示します。数 n について P が真と仮定します。ここからは $n+1$ について P を証明していきます。証明したいのは次のことです。

$$(0+1+2+3+\cdots+n+n+1)=\frac{(n+1)(n+2)}{2}$$

4. 代数的な部分は、最初にやったときとまったく同じように証明してしまいます。最後には、P が n について真ならば、$n+1$ についても真である、という命題が得られます。推論規則を使い、これを全称命題に一般化します。
5. さて、含意が要求していた命題が両方とも得られ、その結果として、含意の推論（A ならば B、かつ、A が真ならば、B は必ず真）が使えます。0 について P が真であることは知っています。すべての $n>0$ について、$n-1$ に対して P が真ならば n に対しても真、ということも知っています。したがって帰納法の規則より、次の結論を推論できるようになりました。すべての自然数 n について、0 から n までの自然数の和は $n(n+1)/2$ である。
6. 証明完了。

ここですべての推論規則を眺めていくのはちょっとやりすぎのような気もしますが、それには狙いがあるのです。

論理の美しいところは、それが論証を明快に機械的に行う単純な手法であることです。規則の一覧は複雑なように思えますが、ちゃんと考えてみると、日常生活、政治活動、会社、学校、夕飯の食卓での議論は、実質的にはすべて突き詰めれば一階述語論理で表現できるのです。そしてそのような議論はすべて、誰のどんな状況におけるものであっても、FOPL の形式に直し、推論規則を使って**正しさを検証できる**のです。それだけで、あらゆる議論を点検したり、あらゆる証明をしたりできるのです。そういうふうに考えてみると、論理がこれほどまでに驚くほど単純な理由もわかってくると思います。

第13章

証明に、真実に、木：おおこわい！

論理の重要な点は物事を証明できるようにすることです。では証明とはなんでしょうか？ 数学において証明とは、**前提**と呼ばれる既知の事実の集合から、**結論**と呼ばれる新しい事実を導き出す方法を示した一連の論理的推論のことです。

どうも証明は人を怖がらせるみたいです。私は高校1年の幾何学の授業で証明が導入されたことをいまだに覚えています。それまでに受けた数学の授業の中でも飛び抜けて最悪でした！ 私が宿題で解いてきた証明問題は、教師から返されたときには赤字がびっしりで、1行おきに「前に出てきた事実から従わない」や「ケースの見落としがある」と書き込まれていました。いったい何をすればいいのか、さっぱり理解できませんでした。

多くの人が同じような経験をしています。私たちは、妥当な証明はすべてのステップが前にある事実から従い、すべてのありえるケースが網羅されていなければならない、と教わります。私たちが不幸にして教わらないことは、ステップが**従っている**かどうかを判断する厳密な方法やすべてのケースを網羅していることを確かめる方法です。その方法を理解するには、実際に論理と証明で使われている論理的推論の仕組みを理解するほかありません。

多くの人にとって証明が難しいのはこの点です。証明は、恐ろしいほど難しいものではありません。ただし証明を習得するには、証明で使われている論理を習得する必要があります。ほとんどの数学の授業では、証明の**論理**の部分についてあまり教えません。論理は、私たちがとにかく理解すべきものとして扱われます。一部の人たちにとっては簡単なことでしょう。でも、ほとんどの人たちにはそうではありません。

そんなわけでこの章では、FOPLにおける証明の仕組みを見ていきます。そのために**真理の木（truth tree）**や**意味論的タブロー（semantic tableau）**と呼ばれる技法を使うことにします。これから見ていくのは典型的な真理の木の表現とは少し違います。私は幸いにも大学時代にアーネスト・ルポール（Ernest Lepore）という偉大な教授による論理学の講義を受けていました。ルポール教授は、彼独自のやり方で真理の木を学生に教え、私は今も彼の真理の木を使っています。これから見るのも、私が使っているルポール教授の真理の木です（論理や証明についてもう少し数学によりすぎない視点で学習したければ、ルポール教授による "Meaning and Argument: An Introduction to Logic Through Language"[7] という本を選べば間違いありません）。

13.1 単純な証明を木で組み立てる

真理の木では矛盾を作って証明を行います。真だと証明したい命題に対してその否定を取り、その否定から矛盾が導かれることを示すのです。

この基本的な方法を使って、例えば最大の偶数 N が存在しないことを証明できます。

例： 最大の偶数 N が存在しないことを証明せよ。

1. まずは証明する事実を逆にしてから、それが矛盾を導くことを示します。最大の偶数 N が**存在する**と仮定します。
2. N は最大の偶数なので、ほかのすべての偶数 n について $n < N$ となります。
3. N は自然数です。したがって、これに自然数を足すことができます。
4. N に2を足すと、結果は偶数であり N よりも大きくなります。
5. N よりも大きな偶数が作れてしまったので、これはステップ2に矛盾します。矛盾したということは、N が最大の偶数だという命題が偽であるということです。

これが真理の木の使い方です。証明したい命題の否定から開始した一連の論証から、どうやっても矛盾が導かれることを示すのです。このように真理の木の仕組みを使うことで、簡単かつ視覚的に、すべてのケースを網羅したという確信が得られます。なぜなら、別のケースが導入されるようなことを何かするたびに、新しく木を枝分かれさせることになるからです。

実際に証明を書くときに真理の木を使うわけではありません。証明を**検証**するのときに使います。何かを FOPL でうまく証明する方法を思いついたとき、真理の木をささっと書いて何も間違えていないことを確かめ、自分がちゃんと証明できていることを検証するのです。真理の木を使うことで、証明を見てすべてが正しい推論に従っているか、全ケースが網羅されているかを確認し、証明が妥当だと確信する作業が簡単になります。

真理の木を使った検証作業は、与えられた前提を一列に並べて書き下すことから始めます。そして、証明したい命題をページの一番上に書きます。それからその命題を**否定**します。真理の木では、証明したい命題の否定を作り、すべての推論経路が矛盾を導くことを示していきます。もし矛盾が出たら、否定した命題が偽であり、証明したかった命題が真であることがわかります。

▶ 表 13.1　論理的同値規則

含意同値	$A \Rightarrow B$ は $\neg A \vee B$ と同値
全称否定	$\neg \forall x : P(x)$ は $\exists x : \neg P(x)$ と同値
存在否定	$\neg \exists x : P(x)$ は $\forall x : \neg P(x)$ と同値
連言否定	$\neg (A \wedge B)$ は $\neg A \vee \neg B$ と同値
選言否定	$\neg (A \vee B)$ は $\neg A \wedge \neg B$ と同値
二重否定	$\neg\neg A$ は A と同値
全称入れ替え	$\forall a : (\forall b : P(a,b))$ は $\forall b : (\forall a : P(a,b))$ と同値
存在入れ替え	$\exists a : (\exists b : P(a,b))$ は $\exists b : (\exists a : P(a,b))$ と同値

▶ 表 13.2　FOPL における真理の木の推論規則

規則	前提	推論結果
連言弱化（左）	$A \wedge B$	A
連言導入	A と B	$A \wedge B$
選言分岐	$A \vee B$	2 つの分岐。1 つは A、もう 1 つは B
三段論法	$A \vee B$ と $\neg A$	B
選言導入	A	$A \vee B$
モーダスポネンス	$A \Rightarrow B$ と A	B
全称除去	$\forall x : P(x)$	ある特定のアトム a についての $P(a)$
存在除去	$\exists x : P(x)$	任意の使用されていないアトム a についての $P(a)$

推論規則の一覧についてぶつぶつと解説し続ける代わりに、表にまとめるだけにしました。ほとんどの部分は、注意深く眺めて考えれば、何を意味するのかわかる

はずです。しかし、論証の体系としての論理の重要な点は、**推論規則が何を意味するかを知る必要がない**ということです。論理はこれらの推論規則を定義します。そしてそれに従っている限り、妥当な証明が作れるのです。

13.2 無からの証明

ここまでで証明において前後をつなぐ方法をすべて見ましたが、これらをどうやって使えばいいのでしょう？

まず、**排中律(law of the excluded middle)**という、単純だけれど基本的な論理規則の証明から始めましょう。排中律の主張は、すべての命題が真か偽でなければならない、というものです。論理の言葉で書くと、命題 A があったら A が何であれ $A \lor \neg A$ が常に必ず真になる、というのが排中律の意味するところです。

排中律は**恒真式(tautology)**です。恒真式とは、どんな公理を選んでも必ず真になる根本的な真実であるという意味です。恒真式が真であることを示すには、その命題と論理の推論規則以外には何も使わずに証明を組み立てる必要があります。前提なしに $A \lor \neg A$ の証明が導き出せれば、それが普遍的な真実だということが示せます。

$A \lor \neg A$ を証明したいので、その否定から真理の木を書き始め、その木をたどるすべての経路が矛盾で終わることを示します。証明は次の図 13.1 にあるとおりです。

1. $\neg(A \lor \neg A)$
   ↓
2. $\neg A \land \neg\neg A$
   ↓
3. $\neg A$
   ↓
4. $\neg\neg A$
   ↓
5. A

▶図 13.1　排中律の証明木

例：　$A \lor \neg A$ を証明せよ。

1. $A \lor \neg A$ を証明したいので、その否定 $\neg(A \lor \neg A)$ から始めます。
2. **選言否定**の同値規則を使うと、その下に $\neg A \land \neg\neg A$ と書けます。
3. ステップ 2 に**連言弱化**を使うと、$\neg A$ を追加できます。
4. 再度ステップ 2 に**連言弱化**を使うと、$\neg\neg A$ を追加できます。
5. ステップ 4 に**二重否定**の規則を使うと、木に A を追加できます。
6. ここまでで、木にある唯一の枝に A と $\neg A$ の両方が含まれるので、これは矛盾となります。

これがさっきの恒真式の証明全体です。そんなに難しくなかったでしょう？ この証明で大事な点は、前提になるケースが網羅されていて、すべての命題が前に出てきた命題から従っていて、確実にすべてのケースが網羅されているのがわかっていることです。

各ステップの意味を考える必要がないことに注意してください。この証明で見て取れるのは、ステップの最初にいずれかの規則のパターンに適合するものがあり、その規則を使って新しい何かを導き出していることだけです。つまり、新しい**推論**を木に追加しているだけです。

簡単な例でしたが、このような例ですら、証明で難しいのは規則を適用するところではありません。推論規則の適用は簡単です。しかし、どの推論規則を適用するかはどうやって決めるのでしょう？ ここが難しい部分なのです。ステップ3で、どうやって**連言弱化**を使うことがわかったのでしょうか？ 基本的には、私の経験に基づいて推測しました。単純な矛盾にたどり着くことが目的であると私が認識していて、そのためには、矛盾へつながるような分岐が必要だったのです。

あなたがプログラマなら、証明の組み立てと探索木をたどることが似ていると思うでしょう。理屈のうえでは、証明の各ステップにおいて適用できる推論規則をすべて見つけ出して試してみればいいと言えます。その作業を続けていけば、証明可能な命題なら最後には証明が見つかります。長い時間がかかるかもしれませんが、命題が証明可能ならばたどり着けるでしょう（しかし第27章で見るように、命題が証明可能ではない場合は永遠に探索を続けることになるかもしれません）。実際の証明の組み立ては、探索と目的を見据えたたくさんの試行錯誤の組み合わせになります。証明したいことと、使用できる事実とをよく見て、使えそうな推論ステップを見つけ出すのです。選択肢を把握しつつ、結論に最もたどり着けそうなものを、証明していることに対する自分の理解に基づいて選ぶのです。やってみてうまくいかない場合は、別の選択肢を選んで再挑戦します。

13.3 家族のすべて

では、話を進めてもっと面白いものに挑戦しましょう。前の章の家族関係の例に戻り、もし2人の人間が従兄弟ならば共通の祖父母を持つことを証明しましょう。

この家族関係に、従兄弟とは何かを論理の言葉で定義する必要があります。2人が従兄弟であるとは、それぞれ相手の親の1人が自分の親の兄弟であるときだといえるでしょう。FOPLではこうなります。$\forall a : \forall b : Cousin(a, b) \Leftrightarrow \exists m : \exists n :$

$Sibling(m,n) \wedge Parent(m,a) \wedge Parent(n,b)$ [†1]。

例： $\forall d : \forall e : Cousin(d,e) \Leftrightarrow \exists g : Grandparent(g,d) \wedge Grandparent(g,e)$ を証明しましょう。

排中律の証明と同じように、木を枝分かれさせずに証明できます。今回の証明にはたくさんのステップがあります。覚えておいてほしいのは、ある命題よりも木の中で**上にある**ものは、それより下にある命題で使える格好の材料である、ということです。

この証明全体を通して、私たちの目的は 従兄弟 と 祖父母 の定義を単純な語句へと分解し、それらの語句から矛盾を作り出すことです。

1. いつもどおり、証明したい命題の否定から始めます。これが木の根です。

   $$\neg(\forall d : \forall e : Cousin(d,e) \Leftrightarrow \exists g : Grandparent(g,d) \wedge Grandparent(g,e))$$

2. **全称否定同値**を使い、$\neg$ を 1 つめの $\forall$ の内側へ入れます。

   $$\exists d : \neg(\forall e : Cousin(d,e) \Leftrightarrow \exists g : Grandparent(g,d) \wedge Grandparent(g,e))$$

3. **全称否定同値**を再び使い、$\neg$ を 2 つめの $\forall$ の内側へ入れます。

   $$\exists d : \exists e : \neg(Cousin(d,e) \Leftrightarrow \exists g : Grandparent(g,d) \wedge Grandparent(g,e))$$

4. **含意同値**を使い[†2]、$\Rightarrow$ を $\vee$ へ変換します。

   $$\exists d : \exists e : \neg(\neg Cousin(d,e) \vee \exists g : Grandparent(g,d) \wedge Grandparent(g,e))$$

5. **選言否定**を使い、$\neg$ を $\vee$ の内側へ入れます。そして二重否定の規則を使い *Cousin* の前にある $\neg\neg$ を除去します。

   $$\exists d : \exists e : Cousin(d,e) \wedge \neg(\exists g : Grandparent(g,d) \wedge Grandparent(g,e))$$

6. **存在除去**を使い、新しい変数を導入して $\exists$ を取り除きます。

   $$Cousin(d',e') \wedge \neg(\exists g : Grandparent(g,d') \wedge Grandparent(g,e'))$$

7. **連言弱化**を使い、$\wedge$ の左側の節を分離します。

   $$Cousin(d',e')$$

8. **全称除去**を使い、従兄弟の定義を d' と e' に特殊化します。

   $$Cousin(d',e') \Leftrightarrow \exists p : \exists q : Sibling(p,q) \wedge Parent(p,d') \wedge Parent(q,e')$$

9. **モーダスポネンス**を適用します。

   $$\exists p : \exists q : Sibling(p,q) \wedge Parent(p,d') \wedge Parent(q,e')$$

10. **存在除去**を適用します。

   $$Sibling(p',q') \wedge Parent(p',d') \wedge Parent(q',e')$$

[†1]［訳注］*Sibling* は 2 人の人間が兄弟であることを表す述語で、$\forall m : \forall n : Sibling(m,n) \Leftrightarrow \exists p : Parent(p,m) \wedge Parent(p,n)$ と書けます。

11. **連言弱化**を適用します。

$$Sibling(p', q')$$

12. **全称除去**で兄弟の定義を p', q' に特殊化します[†3]。

$$Sibling(p', q') \Rightarrow \exists g : Parent(g, p') \wedge Parent(g, q')$$

13. **モーダスポネンス**を適用します。

$$\exists g : Parent(g, p') \wedge Parent(g, q')$$

14. **全称除去**で 祖父母 の定義を d' に特殊化します。

$$\forall g : (\exists e : Parent(g, e) \wedge Parent(e, d')) \Rightarrow Grandparent(g, d')$$

15. **連言導入**を適用します[†4]。

$$Parent(g', p') \wedge Parent(p', d')$$

16. **モーダスポネンス**を適用します。

$$Grandparent(g', d')$$

17. ここまでと同じように e' を使って *Grandparent* の特殊化し、以下を得ます。

$$Grandparent(g', e')$$

18. **連言弱化**を適用して左側の節を分離したところ（ステップ 6）に戻り、**右分離**を適用して右側の節を分離し、以下を得ます。

$$\neg \exists g : (Grandparent(g, d') \wedge Grandparent(g, e'))$$

19. これは矛盾です。ここまでで分岐は作らなかったので、木が持つ唯一の枝で矛盾が得られたことになり、証明が完了したことになります。

[†2] ［訳注］本文では直前のステップからこのステップまでの間で ⇔ が ⇒ に置き換わっています。第 12 章で出てきた定義を使って直前のステップの ⇔ を展開すると

$$\begin{aligned}\exists d : \exists e : \neg((&Cousin(d, e) \Rightarrow \\ &\exists g : Grandparent(g, d) \wedge Grandparent(g, e)) \\ &\wedge ((\exists g : Grandparent(g, d) \wedge Grandparent(g, e)) \Rightarrow Cousin(d, e)))\end{aligned}$$

から

$$\begin{aligned}\exists d : \exists e : \neg(&Cousin(d, e) \Rightarrow \\ &\exists g : Grandparent(g, d) \wedge Grandparent(g, e)) \\ &\vee \neg((\exists g : Grandparent(g, d) \wedge Grandparent(g, e)) \Rightarrow Cousin(d, e))\end{aligned}$$

となり、本文では前半の ⇒ についてだけ証明しています。抜けてしまっている後半の ⇒ もきちんと証明できるので、ここで示そうとしている命題が正しいことに変わりはありません。

[†3] ［訳注］ここでは前の脚注で出てきた *Sibling* の定義を p', q' に特殊化し、⇔ を展開した

$$\begin{aligned}(Sibling(p', q') &\Rightarrow \exists g : Parent(g, p') \wedge Parent(g, q')) \\ &\wedge ((\exists g : Parent(g, p') \wedge Parent(g, q')) \Rightarrow Sibling(p', q'))\end{aligned}$$

に連言弱化を使い、1 つめの節だけを取り出しています。

[†4] ［訳注］ステップ 13 の g を g' に特殊化し 1 つめの節を連言弱化で取り出したものと、ステップ 10 の 2 つめの節を連言弱化で取り出したものに対して連言導入を使っています。

13.4 分岐のある証明

ここまで見た 2 つの真理の木による証明は、どちらも枝が 1 つだけの証明でした。実は、興味深い証明の多く、特に整数論や幾何の分野の証明は枝が 1 つだけなのです。しかし分岐を必要とする証明もあります。そういう証明のやり方を見るために、また別の恒真式を使いましょう。今度の恒真式は、含意の推移性です。命題 A が命題 B を含意することがわかっていて、命題 B が第 3 の命題 C を含意することもわかっているとすると、A ならば C は必ず真になります。論理形式で書くと、$(A \Rightarrow B \land B \Rightarrow C) \Rightarrow (A \Rightarrow C)$ です。

次の図 13.2 はこの命題の真理の木です。一緒に証明のステップをたどっていきましょう。この証明の戦略は、排中律の証明のときと似ています。証明の一番上にある命題を単純な命題に分解して矛盾を見つけましょう。

例：　$(A \Rightarrow B \land B \Rightarrow C) \Rightarrow (A \Rightarrow C)$ を証明せよ。

1. いつもと同じように、証明したい命題の否定を取るところから始めます。
2. **含意同値**を使い、含意の中で一番外側のものを取り除きます。
3. **選言否定**と**二重否定**の規則を使い、外側の否定を命題の内側に入れます。
4. **含意同値**を 3 回使い、3 つの含意を取り除きます。
5. **連言弱化**を使い、1 つめの項を分離します。
6. **連言弱化**を使い、2 つめの項を分離します。
7. **連言弱化**を使い、3 つめの項を分離します。
8. **選言否定**と**二重否定**を使い、ステップ 7 の命題を単純化します。
9. ステップ 5 の命題で**選言分岐**します。
10. ステップ 9 から**選言分岐**した左の枝です。
11. ステップ 8 の命題の**連言弱化**です。これによって、この枝に A と $\neg A$ の両方が出てきたので、これは矛盾です。以上でこの枝での証明は完了です。
12. ステップ 9 から**選言分岐**した右の枝です。
13. ステップ 6 の命題で**選言分岐**します。
14. ステップ 13 で**選言分岐**した左の枝です。これで、この枝に $\neg B$ とステップ 12 の B が得られ、これは矛盾となるので、この枝での証明は完了です。
15. ステップ 13 で**選言分岐**した右の枝です。
16. ステップ 8 の**連言弱化**です。これで $\neg C$ が得られます。ステップ 16 で C が得られたので、最後の枝でも矛盾が得られたことになります。枝のすべてが矛盾で終わりました！ 以上で証明はすべて完了です。

真理の木を使って推論についてかなり詳細なところまで掘り下げましたが、これには重要な理由が 2 つあります。

1 つめは、論理的推論が魔法でもなんでもないことを見てほしいからです。次の

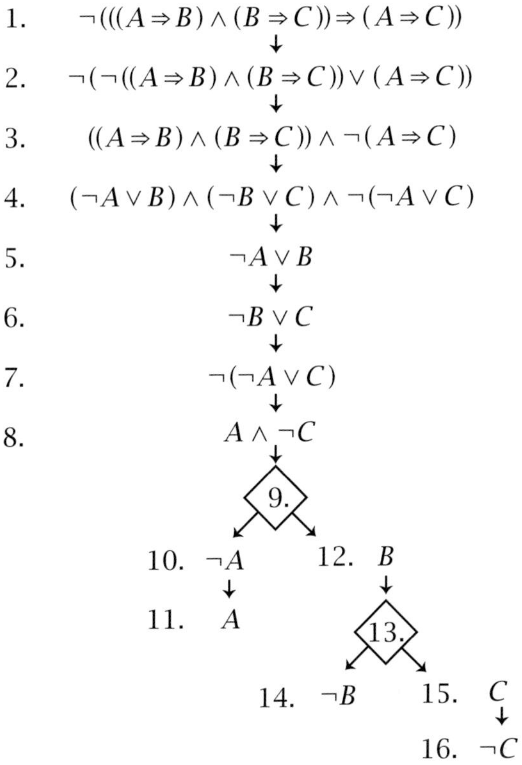

1. $\neg(((A \Rightarrow B) \wedge (B \Rightarrow C)) \Rightarrow (A \Rightarrow C))$
↓
2. $\neg(\neg((A \Rightarrow B) \wedge (B \Rightarrow C)) \vee (A \Rightarrow C))$
↓
3. $((A \Rightarrow B) \wedge (B \Rightarrow C)) \wedge \neg(A \Rightarrow C)$
↓
4. $(\neg A \vee B) \wedge (\neg B \vee C) \wedge \neg(\neg A \vee C)$
↓
5. $\neg A \vee B$
↓
6. $\neg B \vee C$
↓
7. $\neg(\neg A \vee C)$
↓
8. $A \wedge \neg C$
↓
9. （分岐）
- 10. $\neg A$ → 11. A
- 12. B → 13. （分岐）
  - 14. $\neg B$
  - 15. C → 16. $\neg C$

▶ 図 13.2　真理の木の例

章で見るように、論理的推論を使うと本当に難しいことができます。それを見ると、推論というのは何か複雑なことに違いないと思ってしまいます。しかしそうではありません。推論は簡単なのです。推論の規則はそんなにたくさんないこと、それほど無理なく理解できることがわかります。しかし、その単純な体系が、驚くほど強力なものに変わるのです。

2 つめは、規則を詳細に見ていくことで、論理の基本的な観点の 1 つが明確になるからです。これらの規則は完全に構文的なものであり、意味の観点ではなく、記号の観点から論証が可能なのです。

第14章 論理でプログラミング

真理の木を使い一階述語論理の推論がどのように行われるのかを少々見てきましたが、推論でいったいどれくらいのことができるのだろうかと不安に思ったかもしれません。それに答えるとすると「めちゃくちゃたくさん！」です。実は、コンピュータができるどんなこと、つまりプログラムとして書けるどんな計算も一階述語論理の推論で行えるのです！

これは虚勢を張っているだけでも理論上の等価性というだけでもなく、現実的かつ実践的な事実です。Prolog と呼ばれる非常に強力で有用なプログラミング言語があって、Prolog ではプログラムが事実と述語の集合だけで構成されます。プログラマにできるのは、事実と述語の集合を Prolog に与えることだけです。Prolog プログラムの実行とは、プログラマがプログラムとして与えた事実と述語を使い、Prolog インタプリタが一連の推論を行うことなのです。

あなたがプロのエンジニアであったとしても、将来 Prolog を書く必要はまずないでしょう。でも、ここはプログラミング言語マニアである私の言うことを信用してください。Prolog には学ぶ価値があるんです。私はあきれるほどたくさんのプログラミング言語を知っていますが、どの言語を学ぶべきかと聞かれたとき、通常は Prolog と答えています。彼らが Prolog を使うことに期待してそう答えているのではなく、Prolog によって完全に異なるプログラミングの方法に目を向けられるからであり、それだけでも学んでみる価値があるからです。

Prologについて知っておきたいことをすべて教えるつもりはありません。ここで網羅するには内容が多すぎます。そのためPrologをきちんと知りたいならPrologについての本を読んでもらう必要があります（この章の最後の参考文献でいくつかテキストを挙げておきます）。しかし、本章でPrologによるプログラミングの雰囲気はしっかりと味わってもらえるでしょう。

14.1 家族関係を計算する

前の章と同じ家族関係の例を使ってPrologの紹介をしていきましょう。ただし、今回は形式論理の構文の代わりにPrologで家族関係を書き出し、Prologのシステムとやり取りする方法を見ていきます。私が使っているのはSWI-Prologというフリーの Prologインタプリタ[†1]です。同じものを使ってもいいし、あなたのコンピュータで動くほかのProlog処理系を使ってもかまいません。

論理では**アトム**と呼ばれる対象について論証を行います。Prologでは、アトムは任意の**小文字の**識別子、数、引用符付きの文字列です。例えば、`mark`、`23`、`"q"`はアトムです。同じ苗字である家族の関係についての論証を見ていくので、すべてのアトムは下の名前の文字列です。

Prologの変数はアトムを表す記号です。変数は、論理で普遍的な特性について論証を行うのに使えますもしすべての対象になんらかの特性（例えば、すべての人には父親がいる、のような）がある場合、そのことを論理で言うために変数を使う方法があります。Prologの変数は`X`や`Y`のように大文字で書きます。

Prologの述語は、対象や変数を定義したり、その特性を記述したりできる文です。述語は、識別子の後ろに語る対象を括弧でくくったものを並べて書きます。例えば、私（Mark）の父親がアーヴィング（Irving）であることは、`father`という名前の述語を使って`father(irving, mark)`といえます。下記の例では、いくつかのアトムが人間であることを主張するのに、`person`という述語を使って一連の事実を述べています。ここでやっているのは、Prologインタプリタに対して基本的な既知の事実を提示することです。これらの記事の事実を、私たちの論理の**公理**と呼びます。

```
person(aaron).
person(rebecca).
person(mark).
person(jennifer).
person(irving).
person(gail).
```

†1 `http://www.swi-prolog.org/` で情報を手に入れたり、SWI-Prologのダウンロードができます。

```
person(yin).
person(paul).
person(deb).
person(jocelyn).
```

一連の事実はカンマを使ってつなげることができます。A, B は、A と B が両方とも真であることを意味します。

これで、あるアトムが人間であるかどうかを確認できるようになりました。事実の集合を Prolog に読み込ませると、Prolog に質問ができるようになります。

```
?- person(mark).
true.

?- person(piratethedog).
false.

?- person(jennifer).
true.
```

今のところ、Prolog が私たちに伝えられるのは、これらの命題が事実として明示的に与えられたものかどうかだけです。悪くはありませんが、特に面白いわけでもありません。ここまで Prolog に読み込ませたものだけでは、Prolog は何も推論できません。推論するための材料を与えるには、もっと面白い述語を定義します。家族関係を推論するのに必要な規則を Prolog に与えていきましょう。しかし、その前に基本的な家族関係を教えなければなりません。それには、複数パラメータの述語を使って、もっと複雑な事実を与える必要があります。父親と母親についての事実を記述してみましょう。

```
father(mark, aaron).
father(mark, rebecca).
father(irving, mark).
father(irving, deb).
father(paul, jennifer).
mother(jennifer, aaron).
mother(jennifer, rebecca).
mother(gail, mark).
mother(gail, deb).
mother(yin, jennifer).
mother(deb, jocelyn).
```

さて、ようやく面白いところまできました。論理に価値を持たせているのは推論です。つまり、既知の事実をある方法で組み合わせ、新しい事実を生み出す能力です。

誰が親で誰が祖父母なのかを語りたいとしましょう。すべての親子関係を片っ端から列挙する必要はありません。もうすでに、誰が誰の母親で、誰が誰の父親なのかを伝えてあります。そのため、母親であるかまたは父親であることを使って親であることを記述できます。それが済めば、親であることを使って祖父母であることを記述できます。

```
parent(X, Y) :- father(X, Y).
parent(X, Y) :- mother(X, Y).


grandparent(X, Y) :- parent(X, Z), parent(Z, Y).
```

上記のコードでは、まず親とは何かを論理の言葉で定義する2行があります。それぞれの行で1つの選択肢を定義しています。親を定義する2行は、「**X**が**Y**の父親ならば**X**は**Y**の親である、または、**X**が**Y**の母親ならば**X**は**Y**の親である」と読めます。

次に、祖父母とは何かを、親であるという言葉を使って論理的に定義します。「**Z**という人間がいて、**X**が**Z**の親、かつ、**Z**が**Y**の親ならば、**X**は**Y**の祖父母である」のようになります。これでPrologインタプリタに、親や祖父母についての事実を推論するようにお願いできるようになります。そのためには必要なのは、変数を使って論理的命題を書き下すことだけです。Prologは、それらの変数の値として命題が真だと推論できる値を探そうとします。

もし、兄弟であるということを定義する規則を書こうと思ったらどうなるでしょうか？ 兄弟とは、共通の親を持つ人のことです。したがって、「Pという人間がいてAとBの両方の親であるならば、AとBは兄弟である」とPrologで論理的に書けます。

```
sibling1(X, Y) :-
  parent(P, X),
  parent(P, Y).
```

ではこの規則を使ってみましょう。

```
?- sibling1(X, rebecca).
X = aaron ;
X = rebecca ;
X = aaron ;
X = rebecca ;
false.
```

Prologは、論理規則に適合するどんな事実でも推論します。コンパイラは、それが意味をなすかどうかを知りもしないし、気にもしません。Prologは、あなたが教えたことだけを厳密に実行するコンピュータプログラムなのです。常識的に考えて、レベッカがレベッカの兄弟だ、というのはばかげていますが、私たちが書いたPrologの命題によれば、レベッカはレベッカの兄弟**なのです**。この定義は正しく書けていません。私たちが書いたPrologプログラムには重要な事実が全部は含まれておらず、そのため Prolog インタプリタは、私たちにとって正しくない事実を推論してしまいます。これは Prolog を書くうえでのコツの 1 つです。実を言うと、**どんな**プログラミング言語にも当てはまる、良いコードを書くうえでのコツです。私たちは、定義する対象についてはっきりと明確に理解し、コードに欠落が残っていないか、常識や直感に頼っていないかを確信している必要があります。sibling を定義している私たちのコードには、誰もが自分自身の兄弟とはならないことを述べる節を追加する必要があります。

```
sibling(X, Y) :-
  X \= Y,
  parent(P, X),
  parent(P, Y).
```

これでようやく従兄弟についての規則を書けるようになりました。「P と呼ぶ A の親がいて、かつ、Q と呼ぶ B の親がいて、かつ、P と Q が兄弟ならば、A は B の従兄弟」です。

```
cousin(X, Y) :-
  parent(P, X),
  parent(Q, Y),
  sibling(P, Q).
```

```
?- parent(X, rebecca).
X = mark ;
X = jennifer.

?- grandparent(X, rebecca).
X = irving ;
X = paul ;
X = gail ;
X = yin.

?- cousin(X, rebecca).
X = jocelyn;
X = jocelyn.
```

Prolog にはレベッカとジョスリンが従兄弟であることがどうしてわかったのでしょう？ Prolog は、私たちが教えたものを使ったのです。つまり、私たちが与えた親に関する一般的な規則と具体的な事実（公理）を組み合わせたのです。father(mark, rebecca) という事実と、parent(X, Y) :- father(X, Y) という一般的な命題が与えられたとき、Prolog はこの 2 つを組み合わせて、parent(mark, rebecca) という事実を推論できました。同じように、祖父母とは何かについての一般的な規則を使い、親についての規則と、具体的に与えられた誰が誰の父親や母親なのかについての事実を組み合わせて、誰が誰の祖父母なのかについての新しい事実を生み出しました。ときどき Prolog が同じ結論を何回も出す理由について考えるのも興味深い話題です。これは、Prologが推論を行うたびに結論を生み出すからです。したがってmarkとdebについては、Prologは彼らが兄弟であるという結論を2回生み出します。1回めは彼らの共通の母親に関する推論に対する結論で、もう1回は彼らの共通の父親に関する推論に対する結論です。rebeccaの従兄弟を見つけようとするときに、Prologはmarkとdebの2つの兄弟関係を両方とも使っていて、それでrebeccaとjocelynが従兄弟だと2回言ったことになります。

Prologが裏側でやっているのは証明の生成です。Prologに変数付きの述語を与えると、その変数の場所を埋められて、その述語が真だと証明できる値を探します。Prologインタプリタから生み出されるどんな結果も、実際にPrologが証明を生成できた事実なのです。

Prologプログラムで気づくべき非常に重要な特性は、証明はすみからすみまで記号操作だということです！ Prologインタプリタは、アトムが何を表しているかや、述語が何を意味するかは知りません。それらはコンピュータのメモリ上のただの記号です。これはすべての論理について当てはまります。推論は機械的な工程なのです。アトムと事実の集合と、推論規則の集合が与えられたとき、それらすべてが何を意味するかについての知識がまったくなくても、論理は証明を導き出せます。論理の推論過程は純粋な記号操作で、証明している命題が何を意味しているかについての手がかりが一切なくても実行できます。すべては、前提から始めて推論規則を使う機械的な工程なのです。適切な前提の集合が与えられれば、ほとんどすべての命題が証明できます。論理と前提が両方とも選べるならば、絶対にどんな命題でも証明できるということです。

14.2 論理で計算

Prologは、家族関係の推論のような取るに足りない例より、もっとすごいことに使えます。Prologでは、論理的推論だけを使って、もっと普通のプログラミング言語で実装できるような計算を実行するプログラムをPrologで実装できます。その方法を見るために、Prologでより現実的な計算を書き下す例を2つ見てみましょう。1つめとして、前に第1章で説明したペアノ算術から始めて、これをPrologで実装します。次に、現代のソフトウェアで最も広く使われている整列アルゴリズムを取り上げ、それがPrologでどのような外観になるか見てみます。

Prolog でペアノ算術

この本の最初で見たように、ペアノ算術は形式的で公理的な自然数の定義方法です。ゼロを定義することから始め、1 つ後の数を取るという操作ですべての自然数を定義します。この算術は、数どうしの後者関係について述べることで構造的に定義されています。

ペアノ算術の公理を使い、Prolog で自然数とその算術操作が実装できます。実は、それが Prolog だとあからさまに簡単になります！ Prolog には、データ構造を組み立てる非常に単純な機構があって、それをこれから使います。Prolog では、小文字の識別子の後に丸括弧が続くものは**データ構築子(data constructor)**です。`z` をゼロとして使い、`n` の後者を表すためのデータ構築子 `s` を作ります。データ構築子は関数ではなく、パラメータを包む以外のことは**しません**。もし C++ のような言語でのプログラミングに慣れているなら、データ構築子はおおよそ `struct S: public NaturalNumber { NaturalNumber* n; };` と同じだと考えることもできます（ただし構造体と違って型を先に宣言しておく必要はありません）。そのため、`s(n)` を見たとき、`s` をデータ型として、`s(n)` は `new S(n)` と同じ意味だと考えられます。`z` がゼロなら `s(z)` は 1 で、`s(s(z))` は 2 で、以下同様です。

```
nat(z).
nat(X) :-
  successor(X, Y), nat(Y).
successor(s(A), A).
```

ここまでくれば、ペアノの自然数に算術操作を定義できます。足し算から始めましょう。

```
natadd(A, z, A).
natadd(A, s(B), s(C)) :-
  natadd(A, B, C).
```

1 つめの部分 `natadd(A, z, A)` は、ゼロをどんな自然数 `A` に足しても `A` になる、と言っています。2 つめの部分は、`C` が `A` と `B` の和であるならば、`s(C)`（`C` の 1 つ後の数）は `A` と `s(B)` の和である、と言っています。

これでちょっと遊んでみましょう。

```
?- natadd(s(s(s(z))), s(s(z)), S).
S = s(s(s(s(s(z)))))
```

`3 + 2 = 5` なので正解です。この話はいったん置いておいて、同じ述語の別の使い方を見てみましょう。

ほとんどのプログラミング言語と違って、Prolog ではパラメータと返り値を区別しません。Prologは、述語のパラメータのうち束縛されていない変数に対し、値を代入して述語が真になるようにします。束縛されたパラメータと束縛されていないパラメータのすべての異なる組み合わせで、nataddのような述語を実行できます。

```
?- natadd(s(s(z)), P, S).
P = z,
S = s(s(z)) ;
P = s(z),
S = s(s(s(z))) ;
P = s(s(z)),
S = s(s(s(s(z)))) ;
P = s(s(s(z))),
S = s(s(s(s(s(z))))) ;
P = s(s(s(s(z)))),
S = s(s(s(s(s(s(z)))))) ;
P = s(s(s(s(s(z))))),
S = s(s(s(s(s(s(s(z))))))) ;
P = s(s(s(s(s(s(z)))))),
S = s(s(s(s(s(s(s(s(z))))))))
```

私がPrologインタプリタに質問したことは、本質的には「2 + P = SとなるSとPの値は何か？」です。そしてPrologは、私が中断するまで、取りえる答えの一覧を示しました。合計が与えられた数になる数は何か、という質問もできます。

```
?- natadd(A, B, s(s(s(s(z))))).
A = s(s(s(s(z)))),
B = z ;
A = s(s(s(z))),
B = s(z) ;
A = B, B = s(s(z)) ;
A = s(z),
B = s(s(s(z))) ;
A = z,
B = s(s(s(s(z)))) ;
false.
```

足し算と同じ基本パターンで掛け算も実装できます。

```
product(z, B, z).
product(s(A), B, Product) :-
   product(A, B, SubProduct),
   natadd(B, SubProduct, Product).
```

掛け算は単なる足し算の繰り返しです。掛け算は足し算と同じ方法で組み立てますが、後者関数を繰り返し実行する代わりに足し算を繰り返し実行します。パラメータの仕組みから、この掛け算の実装は割り算の実装**にも**なります！ 3つめのパラメータを束縛せずにこの述語を実行すると、掛け算になります。例えば、product(s(s(z)), s(s(s(z))), P)とすると、Pは2掛ける3に束縛されます。1つめか2つめのパラメータを束縛せずにこの述語を実行すると、割り算になります。例えば、product(s(s(z)), D, s(s(s(s(s(s(z)))))))とすると、

Dは6割る2に束縛されます。

この方法は、明らかに、私たちが現実の算術計算を各方法とは違います。これは算術計算を行う方法としてはきわめて非効率的です。しかし無意味な例ではありません。この計算を述語に分解し、再帰的な述語の定義を使って表現する汎用の方法は、まさに現実のプログラムを実装する方法なのです。

Prologのクイックなクイックソート

ペアノ数は美しいのですが、現実的ではありません。誰も実際にペアノ数を使って現実のプログラムを書こうとはしないでしょう。定義がどのように働くかを理解するうえではとても優れていて、書いていて楽しいプログラムなのですが、現実には有用ではありません。

そこで今度は現実的な計算を見ていきます。最もありふれた基礎的なアルゴリズムの1つとして、いつでもどこでも使われるのはクイックソートです。クイックソートが実装できない言語で現実のプログラムを書くなんて、容易に想像できません。と同時に、論理プログラミングに慣れていなければ、クイックソートのようなアルゴリズムを論理的推論を使って実装する方法を理解するのは大変です！

このジレンマを解消するため、Prologにおける本物のクイックソートの実装を眺め、このアルゴリズムが論理を使ってどう記述され、推論でどう実装できるのかを見てみましょう。

クイックソートのクイックな再履修講義

クイックソートが何か知らない場合に備え、最初は再履修講義です。クイックソートはリストの値を整列する**分割統治**アルゴリズムです。そのアイディアは非常に単純です。値のリストが与えられたとします。簡単のため、その値は数だとしましょう。そのリストは順番がバラバラで、小さい順に並べたいとします。どうしたら速く整列できるでしょう？

クイックソートではリストから1つ値を選び取り、それを**ピボット**と名付けます。そしてリストを走査していって、ピボットより小さい値を集めて（Smallerという名前の）バケツに放り込み、ピボットより大きい値を集めて（Largerという名前の）別のバケツに放り込みます。それから2つのバケツの中身をそれぞれ整列し、整列されたSmaller、ピボット、整列されたLargerをつなげて完了です。

例えば、[4, 2, 7, 8, 3, 1, 5]という短いリストを見てみましょう。リストの先頭の要素をピボットとして選ぶことにすると、Pivot=4、Smaller=[2, 3, 1]、Larger=[7, 8, 5]となります。2つのバケツの中身を整列してSortedSmaller=[1, 2, 3]、SortedLarger=[5, 7, 8]となり、[1, 2,

3] + 4 + [5, 7, 8] という結果になります。

リストの連結：リスト上の再帰

Prolog でクイックソートをどう行うのかを見ていきましょう。最後のステップから始めます。リストの連結です。実は、すでに Prolog の標準ライブラリに実装されているのですが、Prolog でリストを操作する良い入門になるので自分たちで実装します。

```
/* Append(A, B, C) が真になるのは C = A + B のとき */
append([], Result, Result).
append([Head | Tail], Other, [Head | Subappend]) :-
    append(Tail, Other, Subappend).
```

append は、リストの結合が何を意味するかを記述しています。append(A, B, C) と言ったとき、リスト C の中身はリスト A の要素にリスト B の要素が続くものだ、と明言しています。

これを Prolog で主張するには古典的な再帰的定義を使います。定義には 2 つのケースがあります。基底ケースと再帰ケースです。基底ケースでは、空のリストともう 1 つのリストをつなげるとそのリストになると言っています。

再帰ケースはやや技巧的です。そんなに難しくはないですが、Prolog の宣言をつなぎ合わせる方法を習得するのに少し訓練が必要です。それでもいったん日本語に翻訳してしまえば、意味はかなり明確です。言っているのはこんなことです。

1. 3 つのリストがあるとします。
2. 1 つめのリストは先頭の要素と（tail と呼ばれる）残りの部分に分けられます。同様に、最後のリストも先頭の要素と残りの部分に分けられます。
3. 最後のリストが最初の 2 つのリストをつなげたものになるのは次の場合です。
   (a) 1 つめのリストの先頭の要素と 3 つめのリストの先頭の要素が等しい、かつ
   (b) 3 つめのリストの残り部分は、1 つめのリストの tail と 2 つめのリストをつなげたものになっている。

この実装におけるポイントは、「2 つのリストをつなげるために、これをして、あれをして、そして別のことをして」とは絶対に言わないところです。私たちは、単に論理の言葉で、あるリストが他の 2 つのリストをつなげたものであるということが何を意味するか、を記述しただけです。

実例を見てみましょう。[1, 2, 3] と [4, 5, 6] を連結したいとしましょう。

1. 1つめのリストの先頭の要素は1で、残りの部分は [2, 3] です。
2. 3つめのリストが最初の2つのリストをつなげたものになるには、「3つめのリストの先頭の要素が1つめのリストの先頭の要素と同じ」という条件が必要です。したがって、3つめのリストが最初の2つのリストをつなげたものなら、1で始まります。
3. 3つめのリストの残りの部分は、[2, 3] と [4, 5, 6] をつなげたものでなければなりません。
4. したがって、3つめのリストが最初の2つのリストをつなげたものなら、先頭の要素を除いた残りの部分は [2, 3, 4, 5, 6] でなければなりません。
5. なので、主張が真になるためには、3つめのリストは [1, 2, 3, 4, 5, 6] でなければなりません。

論理で分割する

クイックソートで必要な部品を組み立てていく次のステップは分割です。整列するためには、分割されたリストとは何かを記述できる必要があります。リストをつなげるときに使ったのと同じ基本的な技法を使っていきます。どのように作業するかという手順は与えません。代わりに、それが何を意味するのかという定義を論理の言葉で与え、推論の過程を通して定義を操作手順に翻訳していきます。

```
   /* partition(A, B, C, D) が真になるのは、C と D がリストで、集合として
   A = C + [B] + D となっているとき
    */
①  partition(Pivot, [], [], []).
②  partition(Pivot, [Head | Tail], [Head | Smaller], Bigger) :-
       Head @=< Pivot,
       partition(Pivot, Tail, Smaller, Bigger).

③  partition(Pivot, [Head | Tail], Smaller, [Head | Bigger]) :-
       Head @> Pivot,
        partition(Pivot, Tail, Smaller, Bigger).
```

これは、述語 append で使った再帰パターンのもう1つの例となっています。

①. 基底ケースから始めます。分割するリストが空ならば、2つの分割されたリスト（値が小さいほうのリストと値が大きいほうのリスト）は空でなければなりません。

②. さて少し面白くなってきました。もし分割するリストの Head が Pivot 以下ならば、小さいほうのリストは Head を含んでいなければなりません。このことを記述するために、ここの述語の宣言に出てくる小さいほうのリストは Head から始まるのです。

リストの残りの部分は再帰的に扱われます。Tail を分割したときに、Larger は Tail から Pivot より大きい要素を切り出したもの、Smaller は Tail から Pivot 以下の要素を切り出したもの、とならなければならないと主張します。

③. これは基本的にさっきのケースと同じで、Head が Pivot よりも大きいところだけが違っています。

整列

最後は整列の述語です。

```
/* quicksort(A, B) が真になるのは、B が A と同じ要素を持ち整列されているとき */
quicksort([], []).
quicksort([Head|Tail], Sorted) :-
  partition(Head, Tail, Smaller, Bigger),
  quicksort(Smaller, SmallerSorted),
  quicksort(Bigger, BiggerSorted),
  append(SmallerSorted, [Head | BiggerSorted], Sorted).
```

すでに partition と append については済んでいるので、残りは簡単です。

リスト Sorted が入力（[Head|Tail]）を整列したものとなるのは、Tail を Head を中心に分割し、2 つの部分リストを整列してそれらをつなげたとき、その結果が Sorted となるときです。

私が期待を込めて最初に伝えたように、論理的推論は非常に強力です。論理の力は、私たちが遊んだ家族関係のような単純で典型的な例だけにとどまりません！ 実際、クイックソートの実装で見たように、どんな計算機のどんなプログラミング言語を使って実装できる計算も、純粋な論理的推論を使って実装できます。

プログラミングに対する論理的な取り組みについてもっと学びたければ、おすすめしたい素晴らしい本がいくつかあります。William Clocksin と Christopher Mellish による “Prolog プログラミング”[2] では、Prolog についてもっと学べます。論理的推論に基づいたプログラミングを Prolog で行う方法について知りたければ、Richard O'Keefe による “The Craft of Prolog”[10] を選べば間違いありません。この 2 冊の本の 1 冊を選び、Prolog で少し遊んでみることを強くおすすめします。きっと良い時間になるでしょう！

第15章 時間がかかわる論証

前章までの一階述語論理（FOPL）は実に強力な論理です。一階述語論理の中でたくさんのことができます。実際、Prolog で見たように、コンピュータでできることは一階述語論理でできます。

しかし、標準的な述語論理が苦手とする論証もあります。例えば、時間に関する論証です。述語論理では、何かが真であれば、それはずっと真です。時間の概念はありませんし、物事が順番に起きることもありません。述語論理で「今はお腹が空いてないが、そのうち空くだろう」と言ううまい方法はありません。

例えば、私は 2010 年に Google で働いていて、今は Foursquare で働いています。この事実をうまくとらえられるようにしたいとすると、単に $\mathit{WorksFor}(\texttt{mark}, \texttt{google})$ という述語を使うのでは、現在には真ではないのでダメです。$\mathit{WorksFor}(\texttt{Mark}, \texttt{Foursquare})$ と主張するのも、それは 2 年前は真ではないのでダメです。FOPL の述語は常に真です。現在だけでなく、過去や未来でも。

もちろん、うまくすれば制限を回避する方法が常に見つかります。標準の述語論理を使って、時の経過に伴う変化の問題を扱えるということです。1 つの方法は、時間についての変数をすべての述語に加えることです。$\mathit{WorksFor}(\texttt{mark}, \texttt{foursquare})$ と主張する代わりに、$\mathit{WorksFor}(\texttt{mark}, \texttt{foursquare}, 2012)$ と主張するわけです。しかしそうすると、述語論理で典型的な時間に関係ないすべての命題に対して $\forall t : \mathit{Person}(\texttt{mark}, \texttt{t})$ という具合に全称記号を追加する必要が出てきます。これでは、すぐにとっても面倒になります。さらに悪いことに、論証に論理を使うのが苦痛なほど不便になります。

述語論理には別の問題もあります。時間に関する命題には、一階の論理では表現できない、時間に関する特定の構造を持たせたい命題がたくさんあります。「いつかはお腹が空くだろう」や「眠りにつくまでは疲れたままだろう」といったことを言えるようにしたいわけです。これら 2 つは、時間的な特性に関する典型的な命題です。私たちになじみのあるありふれた言い方であり、そのありふれた言い方を論理的推論で使えるのは非常に有用でしょう。残念ながら一階述語論理では、すべての述語に時間の項を加えたとしても、「**いつかは**」のような形式を定義するのは困難です。

定型の複雑な主張を繰り返さずに「**いつかは**」のようなことを言うには、述語をパラメータとして取る述語が書ける必要があるでしょう。そしてそれは、定義により二階の論理になります。一階の論理から二階の論理への切り替えには大変な困難が伴います。本当ならやりたくないことです。

時間についての論証に述語論理が使いづらいなら、どうすればいいのでしょう？新しい論理を作ればいいのです。ばかげた話に聞こえるかもしれませんが、数学ではいつでもやっていることです。結局のところ、論理というのは非常に単純な形式的なシステムであり、必要なときに新しいものを定義すればいいのです。ということで、時の経過に伴う変化についての論証を楽にする新しい論理、**時相**論理を作ります。

15.1 時間と共に変化する命題

時間がかかわる論証は実に有用です。論理学者は、時間について語るために、さまざまな時相論理（temporal logic）を設計してきました。いくつか名前を挙げると、CTL、ATL、CTL*、LTL といったものがあります。ここでは、**計算木論理(computation tree logic：CTL)**と呼ばれる、私が一番よく知っている論理の説明をしていきます。CTL は、フラグのような永続的な状態を変更できるコンピュータのハードウェア上で非常に低レベルな計算についての論証を行うために設計されました。CTL は非常に単純な論理で、そんなに多くのことは言えません。実際に CTL を見たら、あまりにも単純で不合理だと思うかもしれません。しかしそんなことはありません。CTL は現実世界の実用的なアプリケーションで広く使われています。

CTL は単純かもしれませんが、論理で時間を眺める方法の典型的な実例です。意味論つまり論理の意味は、クリプキ意味論（Kripke semantics）と呼ばれる一般的な概念に基づいています。クリプキ意味論は時間の経過を表現する必要があるさまざまな種類の論理で使われています。この章では時相論理のモデルの裏にある一般的な概念の説明をしますが、クリプキ意味論の概念についてもっと知りたければ、私のブログで直観主義論理に関する一連の記事を読んでみてください[†1]。

CTL への入り口は、命題論理と呼ばれるごく単純な論理です。命題論理は基本的に、述語がパラメータを取れない一階述語論理です。命題論理では、*MarkHasABigNose* や *JimmyDuranteHasABigNose* のような命題は作れますが、それらは完全に異なる無関係の命題です。命題論理には、特定の命題からなる有限な集合があって、それだけです。変数もなければ、量化子もパラメータもありません（述語論理を CTL へ拡張したものもありますが、はるかに複雑なので、命題論理を使った単純で基本的なバージョンに専念しましょう）。命題を組み合わせるには、連言、選言、含意、否定という標準的な命題論理の演算子が使えます。

面白いのは、命題論理における命題の時間的な特性を述べるのに使う**時相量化子(temporal quantifier)**があるところです。CTL のすべての命題には、少なくとも 2 つの時相量化子があります。しかし細かい話に入る前に、CTL の基本的な時間モデルについて話す必要があります。

CTL のモデル化のアイディアは、さっき言ったように、クリプキ意味論に基づいています。クリプキ意味論では、**世界(world)**と呼ばれるものの集合を使い、変化する体系を定義します。論理の命題には、特定の世界での真偽値が割り当てられま

[†1] http://scientopia.org/blogs/goodmath/2007/03/kripke-semantics-and-models-for-intuitionistic-logic

す。ある瞬間の世界から別の瞬間の世界への一連の移り変わりが時間です。CTL のクリプキ意味論では、*P* は真だ、とは言えず、**ある特定の世界**で *P* は真だ、としか言えないのです。

基本的な命題それぞれへの真偽値の割り当ては、それぞれの世界で定義されます。それぞれの世界から、可能性のある**後続世界（successors world）**の集合が続きます。あなたは、時間の経過に沿って、経路をたどって世界を渡っていきます。CTL では、世界は時間軸上のある瞬間を表現していて、真偽値の割り当てによりその瞬間で何が真なのかが定義されています。そして、その世界の後続世界は、直後に続きうる時間軸上の瞬間を表現しています。

CTL のクリプキ意味論は、効率的な時間の**非決定性**モデルを与えます。ある瞬間から可能な未来は 1 つより多いかもしれず、そこへ実際に到達するまでは、起こりえる未来のうちどれが実現するのかを特定する方法はありません。時間は可能性の木になります。それぞれの瞬間から、後に続くどの瞬間へも行けます。それぞれの瞬間から、それに続く瞬間への枝が伸びていて、それぞれの木をたどっていく経路は、起こりえる未来への時間軸を表しています。

CTL には、起こりえる未来の木における時間について語る方法が 2 つあります。時間に関する意味のある命題を作るためには、それらを組み合わせる必要があります。

ある瞬間から始まる時間を見ているとして、そこから起こりえる未来へと延びる経路の集合があることから、物事を「起こりえる未来の空間」という観点で語れます。これが 1 つめの方法です。「起こりえるすべての未来において……」や、「起こりえるある未来において……」のような表現から始まる命題を作れるわけです。

2 つめの方法は、ある未来へつながる特定の経路の各ステップや、特定の 1 つの未来を定義する一連の世界について語るというものです。「……はいつかは真になる」のような、経路についての命題を作れます。先ほどの方法と一緒に使うことで、時間に関する意味のある命題を生み出せます。「すべての起こりえる未来において **X** は常に真である」や、「少なくとも 1 つの起こりえる未来において **X** はいつかは真になる」といった具合です。

すべての CTL の命題では、命題が真となる時間を指定するため、**時相量化子**の組を使います。1 つは**宇宙量化子（universe quantifier）**、もう 1 つは**経路量化子（path quantifier）**です。

宇宙量化子は、ある瞬間から先のすべての経路にわたる命題を作るのに使われます。経路量化子は、ある特定の時間軸の経路上のすべての瞬間にわたる命題を作るのに使われます。さっき言ったように、CTL の命題ではこの 2 つの量化子は常に組になって出てきます。どの範囲の起こりえる未来について語っているかを指定する宇宙量化子と、宇宙量化子で指定された範囲の経路の特性を記述する経路量化子です。

宇宙量化子は 2 つあり、それぞれ述語論理の全称量化子と存在量化子に相当します。

- ***A***
  A は**全宇宙量化子(all-universe quantifier)**です。これは**すべての起こりえる未来において**ある命題が真であることを言うのに使います。どの経路を調べているかにかかわらず、*A* 量化子に続く命題が真になることを言うのに使います。
- ***E***
  E は**存在宇宙量化子(existential universe quantifier)**です。現在の瞬間から到達可能な起こりえる未来への経路で、命題が真になるものが少なくとも 1 つあることを言うのに使います。

次は経路量化子です。経路量化子は宇宙量化子に似ていますが、起こりえる時間軸の集合全体について語るのではなく、ある特定の時間軸の経路上にある時間世界について語るところが異なっています。経路量化子は 5 つあり、2 つのグループに分けられます。1 つめのグループは次の 3 つです。

- ***X*（next）**
  一番単純な経路量化子は直後量化子（immediate quantifier）*X*（next）です。*X* は今の経路上の**すぐ後の**時間世界についての命題を作るのに使います。
- ***G*（global）**
  G は**全称経路量化子(universal path quantifier)**や**大域量化子(global quantifier)**と呼ばれます。*G* は経路上のすべての世界の瞬間についての事実を述べるのに使います。*G* で量化されたものは現在の瞬間で真であり、経路上のすべての瞬間で真で**あり続けます**。
- ***F*（finally）**
  F は**最終経路量化子(finally path quantifier)**で、ある特定の時間軸の経路上の少なくとも 1 つの世界の瞬間についての事実を述べるのに使います。指定された範囲の経路をたどっていくと、*F* で量化された命題がある世界で真になります。

2 つめのグループは、時相関係量化子（temporal relationship quantifier）です。時相関係量化子は従来の意味での量化子とはちょっと違います。ほとんどの量化子は、普通は命題の前に付いて、変数を導入したり、後ろにある命題の意味を変更したりします。これに対し、時相関係量化子が実際にするのは、時間的な関係を定義することにより複数の命題を**結び付ける**ことです。関係量化子は 2 つあります。**強い until(strong until)**と**弱い until(weak until)**です。

- ***U*（強い until）**
  U は**強い until** 量化子です。aUb という命題があったとき、この命題は、**b** がいつかは真になるが、少なくともその直前まで **a** は真である、と言っています。

- ***W*（弱い until）**
  弱い until 量化子として知られる W は、ほとんど U と同じです。aWb という命題も、**b** がいつかは真になるかもしれないが、少なくともその直前まで **a** は真である、と言っています。これらの違いは、aUb では b がいつかは真にならなければならないが、aWb では b がずっと偽のままかもしれないという点です。その場合、a はずっと真のままです。

量化子をすべて並べて見せたところで、これらを組み合わせてどう機能するかを十分に理解するのは難しいでしょう。しかし、いったん使い方を見れば意味がわかります。そこでCTLの命題の例をいくつか見ながら意味を説明していきましょう。

例： **CTL の命題**

- ***AG*.(マークの鼻は大きい)**
  何が起きようともすべての時点で、マークの鼻は常に大きいです。私の子どもが嬉々として指摘するように、これは逃れられない不変の事実です。
- ***EF*.(ジョーは職を失った)**
  将来、ジョーは解雇される可能性があります（形式的な言い方をすると、「ジョーは職を失った」という命題がいつかは真になる時間軸が存在する、となります）。
- ***A*.(ジェーンはよく働く)*W*(ジェーンは解雇されて当然だ)**
  すべての起こりえる未来において、ジェーンはもう働けなくなるときがくるまでよく働きます。しかし**弱い until** を使っているので、ジェーンが解雇されずに働き続ける可能性も明示的に含んでいます。
- ***A*.(ミッチは生きている)*U*(ミッチは死んでいる)**
  何が起ころうとも、ミッチは死ぬまで生きていて、彼のいつか訪れる死はどうあっても避けられません。
- ***AG*.(*EF*.(私は病気だ))**
  いつかは病気になる可能性が常にあります。
- ***AG*.(*EF*.(家は青に塗られている) ∨ *AG*.(家は茶色に塗られている))**
  すべての起こりえる未来において、家はいつか青に塗られるか茶色のままのどちらかです。家は青と茶色以外の色には絶対になりません。

15.2 CTLはどんなふうに役に立つのか？

CTLは、その単純さにもかかわらず実は非常に有用だと言いました。実際にはどんなふうに役に立つのでしょうか？

CTLの主な使い道の1つは**モデル検査**と呼ばれるものです（それだけで何冊も本が必要なので詳細には立ち入りません。CTLを使ったモデル検査についてもっと知りたければ、“Model Checking”[6]という教科書をおすすめします）。モデル検査はハードウェアエンジニアにもソフトウェアエンジニアにも使われる技術で、システムのある時間的側面について正しさを確認します。CTLの言葉でシステムの仕様を記述し、自動化されたツールを使って、実際のハードウェアやソフトウェアの一部の実装とその仕様とを比較します。それにより、システムが期待されている動作をするかどうかを検証できます。もし期待された動作をしないとわかったとき、いつ間違ったことが起きるかを示す反例がツールにより出力されます。

ハードウェアのモデル検査では、マイクロプロセッサの単機能のユニットといった、ハードウェアの単純な部品を対象にします。ハードウェアは基本的には複雑な有限状態機械です。その解釈として、ハードウェアには0か1の値を保持できる点の集合があると考えられます。それぞれの点をCTLの命題で表現できます。すると、入力からどのように出力が生成されるかという観点で操作を記述できます。

例えば、割り算を実装した機能ユニットを調べている場合、命題の1つは「ゼロ除算フラグが設定される」でしょう。このとき、仕様には $AG.(\texttt{DivisorIsZero} \Rightarrow AF.(\texttt{DivideByZeroFlag}))$ のような命題が含まれます。この仕様で言っているのは、「もし割る数がゼロだったら、いつかはゼロ除算フラグが設定される」ということです。どれくらいの時間がかかるかは仕様では指定されていません。そのハードウェアで1クロックかかるかもしれませんし、100クロックかかるかもしれません。しかし、この仕様で気にしている動作は、割り算の実装の詳細に関係なく真であるべきなので、ステップ数は指定したくありません。この仕様にはたくさんの異なる実装方法があり、厳密な実行タイミングの特徴はそれぞれ異なるからです（1990年代のIntel Pentiumと2012年のIntel Core i7の違いを考えてみてください。同じ算術の命令を実装していますが、ハードウェアはとてもとても異なっています）。動作で重要なのは、ゼロで割ろうとすると適切なフラグビットが**いつかは設定される**ことです。

現実のハードウェアの仕様は、この例よりももっと複雑ですが、だいたいの感じはこの例でわかるでしょう。これは現実世界でよくあるCTLの応用です。私が今文字を打ち込んでいるコンピュータのプロセッサはCTLでモデル化されたものなのです。

CTLはソフトウェアでも使われています。何年か前、私はIBMで働いていました。そこではモデル検査をソフトウェアに使う現実の魅力的な仕事をしている友人がいました。ソフトウェアの正しさを自動で検証できるというアイディアは非常に興味を惹かれるものだったので、たくさんの人が見にきていました。しかし悲しいことに、ほとんどのソフトウェアに対し、モデル検査はそこまで有用ではないことが判明しました。仕様の記述は難しく、そして典型的なプログラムに存在する量の状態についてソフトウェアを検査するとなるとそれは悪夢です！ 私の友人は、モデル検査がぴったりはまる場所がソフトウェアにあることに気づきました！ 現代の計算機システムは並列計算やマルチスレッドをいつも使っていて、最も難しい問題の1つは、すべての並列スレッドが適切に協調して動作することの保証です。並列計算に求められる協調動作は一般的にはそこそこ単純で、理想的といえるほどCTLのような言語による記述に適しているのです。そういうわけで彼は、モデル検査を使い、ソフトウェアシステムの協調動作の正しさをうまく検証するのに成功していました。

以上がCTLの基本です。CTLは、きわめて単純ですが、時間に基づいた動作を記述するのにきわめて有用な論理なのです。

第V部
集合

集合論は、その従兄弟である一階述語論理（FOPL）と共に、ほぼすべての現代数学の基礎となっています。ほかにも多くの基礎から数学を組み立てられるので、集合論が絶対に必要というわけではありません。しかし、現在のところ支配的な手法は FOPL と公理的集合論の組み合わせです。集合論は論証を行う対象を、FOPL は論証できる能力を私たちに与えてくれます。この 2 つの組み合わせが、私たちに数学を与えてくれるのです。

数学を組み立てるのに使う対象はいろいろあります。数や関数、点で埋め尽くされた平面から始めてもいいでしょう。しかし現代の数学は常に集合論から始めます。それ以外のどんな選択肢でもありません！ 集合論では、とても単純ないくつかのアイディアから始め、驚くほど複雑なものまで包含するための適切かつ率直な方法を使ってそれらを拡張していきます。集合論の競争相手が、集合論ほど直感的な単純さへと迫れないことは、特筆に値するでしょう。ここでは、集合とは何であり、どこからきたのか、集合論はどのように定義されるのか、それ以外の数学を組み立てるのにどう使えるのかを見ていきます。

はじめに、ゲオルク・カントールの仕事を通して集合論の起源を見ることにしましょう。カントールの仕事からは、数学でとりわけ直感に反する結果の 1 つが得られます。その結果は集合論を素晴らしいものにしている美しい事例です。単純すぎて有用とは思えないものから始め、そこから驚くほど深遠なものへと到達するのです。

第16章

カントールの対角化：無限はただ無限なんじゃない

現代数学の世界では集合論は避けて通れません。数学を教えるとき、最も基礎的な構成要素として使うのが集合です。子どもたちは幼稚園のころから、集合を通して数学の概念を学びます！ 私たちは、いつも見る数学が集合を使って表現されているので、自然と集合論のことを数学の基礎だと考えています。しかし集合論は、作られたときには数学の基礎になることが目的ではありませんでした。集合論は無限という概念を探求する道具として作られたのです。

集合論は19世紀に、ゲオルク・カントール（Georg Cantor、1845-1918）という名の聡明なるドイツの数学者によって発明されました。カントールは無限概念を探求することに興味があり、特に無限に大きなものどうしをどう比較できるかを理解しようとしました。**複数の**無限はありえるのでしょうか？ もしあるならば、それらが異なる大きさを持つことの理屈をどうつけられるのでしょうか？ 集合論が作られたもともとの目的は、これらの疑問に答える道具としてでした。

これらの疑問に対する答えは、カントールの最も有名な業績である**カントールの対角化**から得られます。カントールの対角化により示されたのは、無限には少なくとも2つの異なる大きさがあり、それぞれ自然数の集合の大きさと実数の集合の大きさである、という結果でした。この章では、カントールがどのように集合論を定義し、この結果の証明に使ったのかを見ていきます。しかしその前に、集合論とは何であるかを大まかに把握しておく必要があります。

16.1 集合（素朴に）

カントール自身が発明したものは、現在では**素朴集合論**として知られています。この章では、おおよそカントールが定義した方法による素朴集合論を使い、集合論の基礎から見ていきましょう。素朴集合論は簡単に理解できますが、16.3節で見るような問題があります。問題をどう解決するかは次の章で見ます。今のところは単純な話に専念しましょう。

集合は物の集まりです。特別な制限がある集まりで、そこでは1つのことしかできません。それは対象が集合に含まれるかどうかを問うことだけです。どの対象が先頭なのかはわかりません。集合に含まれている対象をすべて列挙できる必要もありません。できると保証されている唯一の操作は、特定の対象が集合に含まれているかどうかを問うことだけです。

集合の形式的な意味は単純で簡潔です。ある対象が集合Sの要素のとき、述語P_Sで、oがSの要素である（$o \in S$と書きます）ならば、かつそのときに限り$P_S(o)$が真となるようなものが存在します。別の言い方をすると、集合Sはある特性を共有する物の集まりで、その特性により集合が定義されるということです。特性とは何を意味するかを形式的に考えるなら、「述語がある」を別の言い方で言っているだけです。例えば、私たちは自然数の集合について語ることができます。その集合を定義するのは、述語$IsNaturalNumber(n)$です。

集合論は、最初の定義からもわかるように、一階述語論理（FOPL）と密接に結び付いています。一般的に、この2つはきれいに完結した形式的なシステムを形成します。具体的に言うと、論理で語る対象が集合であり、集合と含まれる対象について語る道具が論理です。集合論がこれほどまでに数学の良い基礎となった理由の大部分はここにあります。集合論は、意味論的に中身があって完結した論理を作れる最も単純なものの1つなのです。

FOPLの基本的な記法と概念を急ぎ足で思い出しておきましょう。もっと詳しいことは、第IV部を振り返ってください。

FOPLでは2種類の物について語ります。**述語**と**対象**です。対象は論理を使って論証ができるもので、述語は対象についての論証に使うものです。

述語は、ある対象について何かを語っている命題です。述語を大文字か大文字で始まる単語（*A*、*B*、*Married*）で書き、対象を引用符で囲んで書くことにします。すべての述語の後ろには、カンマ区切りの対象（もしくは対象を表す変数）のリストが続きます。

1つ重要な制約があって、**述語は対象ではありません**。これが**一階**述語論理と呼ばれる理由です。ある述語に関する命題を作るのに、別の述語は使えません。そのため、*Transitive*(*GreaterThan*) のようなことは言えません。これは二階の命題で、一階の論理では表現できません。

かつ（$\wedge$ と書きます）と**または**（$\vee$ と書きます）を使って、論理の命題を組み合わせられます。命題に**でない**（$\neg$）を付けることで、命題の否定が作れます。そして命題には変数を導入できます。そのために使う 2 つの論理的量化子が、すべての取りえる値を示す $\forall$ と、少なくとも 1 つの値を示す $\exists$ です。

小学校で集合について習ったときは、「要素である」以外にも基本演算のように見える演算をいくつか教わったでしょう。実は、それらは本当は基本演算ではないのです。素朴集合論を定義するのに必要なものは、最初に紹介した 1 つの定義だけです！ 他のすべての演算は、FOPL と、「要素である」という演算を使って定義されます。これから小学校で習うような基本的な集合演算と、それらの定義方法を眺めていくことにしましょう。

集合論を基礎とすることで、集合やその要素についていくつかの単純なことが言えます。また FOPL の基本的な命題も使えるようになります。

- **部分集合**

  $$S \subseteq T$$

  S は T の部分集合である、とは、すべての S の要素は T の要素でもある、という意味です。部分集合は、実は単なる集合論における「含意（implication）」です。S が T の部分集合なら、論理では $S \Rightarrow T$ となります。
  例えば、自然数の集合 N と偶数の自然数の集合 N_2 を見てみましょう。これら 2 つの集合は、述語 *IsNatural*(n) と *IsEvenNatural*(n) で定義されます。N_2 は N の部分集合というとき、それが意味するのは $\forall x : IsEvenNatural(x) \Rightarrow IsNatural(x)$ ということです。

- **和集合**

  $$A \cup B$$

  和集合は 2 つの集合を合わせたものです。 和集合の要素はすべて、どちらかの集合の要素です。形式的な表記ではこうなります。

  $$x \in (A \cup B) \Leftrightarrow x \in A \vee x \in B$$

  形式的な定義は、論理の観点で和集合が何を意味するのかも教えてくれます。すなわち和集合は、2 つの述語の論理的な「**または**」なのです。
  例えば、偶数の自然数の集合と奇数の自然数の集合があったとき、これらの和集合は、偶数の自然数もしくは奇数の自然数である対象の集合です。対象 x

が $(EvenNatural \cup OddNatural)$ の要素であるのは、$IsEvenNatural(x)$ または $IsOddNatural(x)$ の場合です。

- **積集合**

$$A \cap B$$

2つの集合の積集合は、両方の集合の要素である対象の集合です。形式的な表記ではこうなります。

$$x \in A \cap B \Leftrightarrow x \in A \wedge x \in B$$

定義からわかるように、積集合は論理的な「**かつ**」と同等な集合です。
例えば $EvenNatural \cap OddNatural$ は、$IsEvenNatural(x) \wedge IsOddNatural(x)$ を満たす自然数 x の集合です。偶数かつ奇数な自然数はないので、この積集合は空集合となります。

- **直積集合**

$$A \times B \qquad (x, y) \in A \times B \Leftrightarrow x \in A \wedge y \in B$$

最後に、特に基本的な集合演算の1つとして、**直積集合**と呼ばれるものがあります。奇妙な演算に思えるかもしれませんが、実はとても重要な役割を持っています。直積集合の目的は2つあります。1つめは、順序対を作れる演算であるという実用的な目的です。順序対を作れれば、集合を使って事実上すべてのものが作れます。もう1つ、直積集合には、より純粋に理論的な目的があります。それは、1より多いパラメータを取る述語の概念を集合論で表現する手段だということです。2つの集合 S と T の直積集合は**組**の集合となり、このそれぞれの組は、2つの集合から1つずつ取ってきた要素で構成されます。
例えば第12章で、x は y の親であるという意味の述語 $Parent(x, y)$ を定義しました。集合論の観点では、$Parent$ は人と人の**組**です。そのため $Parent$ は、人の集合 $Person$ と人の集合 $Person$ との直積集合の部分集合となります。("マーク", "レベッカ") $\in Parent$ であり、$Parent$ は $Person \times Person$ 上の述語です。

以上が集合論の心髄、集合の所属関係と述語論理のつながりなのです。これはもう信じられないくらい単純で、そこが数学者たちをめちゃくちゃ惹きつける所以だと思います。これよりさらに単純なものから始められるなんて、なかなか思いつきません。

もう集合の概念がどんなに単純かを理解したので、次はカントールの対角化を通して、この単純な概念がどれだけ深く深遠なるものなのかを見ていきます。

16.2 カントールの対角化

このアイディアによって集合論は成長することとなりましたが、その裏にあるもともとの動機は、自然数の集合の大きさと実数の集合の大きさに差がある事実をカントールが認識するためでした。それらは両方とも無限なのですが、同じではありません！

カントールの最初のアイディアは、数を抽象化して細部を忘れてしまうことでした。普通、数について考えるときには、算術計算ができたり、比較できたり、いろんな種類の操作ができるものを思い浮かべます。どのくらいの個数あるのかを理解するには、そんな特性や算術演算は必要ない、とカントールは主張しました。重要なのは、自然数みたいな数は対象の集まりだという点だけです。どの対象がどの集まりに含まれるかが重要なのです。彼はこのような集まりを**集合**と呼びました。

集合を使うことで、数える作業をせずに大きさを測る新しい定義方法が発明できました。2 つの集合があって、片方の集合の要素をもう片方の集合のきっかり 1 つの要素へ対応付ける方法を示し、この対応付けがどちらの集合の要素も漏らさない（2 つの集合の間に **1 対 1 対応**がある）ならば、2 つの集合は同じ大きさだ、とカントールは言いました。どの要素も漏らさずに 1 対 1 対応を作る方法がないなら、2 つの集合のうち漏れた要素があるほうが**大きい**集合です。

例えば、集合 $\{1,2,3\}$ と集合 $\{4,5,6\}$ があったとき、2 つの集合の間には 1 対 1 対応がいろいろ作れます。$\{1 \Rightarrow 4, 2 \Rightarrow 5, 3 \Rightarrow 6\}$ や $\{1 \Rightarrow 5, 2 \Rightarrow 6, 3 \Rightarrow 4\}$ です。2 つの集合が同じ大きさなのは、両者の間に 1 対 1 対応があるからです。

一方、集合 $\{1,2,3,4\}$ と $\{a,b,c\}$ を調べると、1 つめの集合の要素を漏らさずに 1 対 1 対応を付ける方法はありません。したがって 1 つめの集合は 2 つめの集合より大きいということになります。

この比較方法は、小さくて有限な集合では気が利いているけれど格別に深遠というわけでもありません。有限集合どうしの 1 対 1 対応を作るのは手間ですが、それぞれの集合の要素を単純に数えて結果を比較するのと常に同じ結果になります。集合の間の対応を使って大きさを比較するカントールの手法の面白いところは、無限に大きい集合の大きさを比較できるようになることです。たとえ数え上げ**られなく**てもね！

例えば、自然数の集合（N）と偶数の自然数の集合（N_2）を見てみましょう。どちらも無限集合です。これらは同じ大きさですか？ 直感で考えてもらうと 2 つの答えに割れます。

1. ある人は、どちらの大きさも無限なので、同じ大きさに違いない、と言います。

2. 別の人は、自然数から1個おきに数が欠けたのが偶数なので、偶数の大きさは自然数の大きさの半分だ、と言います。1個飛ばしになっていて、いくつか自然数を取りこぼしているので、小さいに違いないと言うのです。

どちらが正しいのでしょう？ カントールによれば、どちらも間違いです。正確に言うと、2つめは完全に間違っていて、1つめは結論は正しいのですが、根拠が間違っています。

カントールによれば、この2つの集合の間には次の1対1対応が作れます。

$$\{(x \mapsto y) : x, y \in N, y = 2 \times x\}$$

1対1対応があるので、2つの集合は同じ大きさとなります。2つの集合が同じ大きさなのは、どちらも大きさが無限だからではなく、自然数と偶数の自然数の間に1対1対応があるからです。1対1対応があることは、ある無限に大きい集合と、別の無限に大きい集合の大きさが等しいことを示しています。しかし、無限に大きい集合で、大きさが**異なる**ものはあるのでしょうか？ これがカントールの出した有名な結果であり、それをこれから見ていくことにします。

カントールは、実数の集合が自然数の集合より大きいことを示しました。これは非常に驚くべき結果です。この結果を間違っていると**感じ**、そのため考え込んでしまう人もいます。何か無限に大きいものがあったとき、それが他の何かより小さくなるなんてことがあるでしょうか？ カントールが初めてこの結果を公表してから150年経つ現在でさえ、この結果は**いまだに**論争の種になっています（例えば[4]などを参照してみてください）。カントールの証明は、どんなことをしようとも、実数を取りこぼすことなしに自然数と実数の間に1対1対応を作れないことを示しました。したがって、実数の集合は自然数の集合よりも大きいのです。

自然数から実数へのすべての対応付けは、**必ず**少なくとも1つの実数を取りこぼすことをカントールは示しました。彼がとった方法では**構成的証明**と呼ばれるものを使います。その証明には**対角化**と呼ばれる手続きがあって、この手続きにより、「これが自然数から実数への1対1対応である」とした対応から取りこぼれる実数を生成します。**どんな**ふうに1対1対応を考えても、その対応に含まれない実数が作れるということです。

この手続きを追っていきましょう。実際には、もともとカントールが示した結果より強い結論を証明します。0と1の間に自然数よりも多くの実数があることを示しましょう！

カントールの証明は初歩的な背理法で書かれています。証明は「自然数から0と1の間にある実数への1対1対応があったとします」という主張から始まります。

そして、その対応を使い、対応から漏れる実数を構成する方法を示します。

例： **0と1の間に自然数よりも多くの実数があることを証明せよ。**

1. 自然数と0と1の間の実数に1対1対応が作れたとしましょう。これは、自然数から0と1の間の実数への関数 R があって、すべての実数への1対1対応になっていることを意味します。そうすると、0から1の間の実数 $R(0), R(1), R(2), \ldots$ の完全なリストが作れます。
2. これができたとすると、$R(x)$ を10進展開したものの y 番めの数字を返す、別の関数 D（数字（digit）のD）が作れます。今作った D は実質、行が実数で、列が実数の10進展開した数字の位置の表になります。$D(x, 3)$ は x の10進展開の3番めの数字です。例えば $x = 3/8$ としたとき、x の10進展開は0.125です。そして $D(3/8, 1) = 1, D(3/8, 2) = 2, D(3/8, 3) = 5, D(3/8, 4) = 0, \ldots$ となります。
3. さてここからが面白いところです。D の表の対角線の上を歩いていきます。この表を $D(1, 1)$、$D(2, 2)$、$D(3, 3)$ と見ながら下りていきます。そして対角線上を下りながら、数字を書き留めていきましょう。$D(i, i)$ が1ならば6と書きます。2であれば7、3であれば8、そして $4 \Rightarrow 9$、$5 \Rightarrow 0$、$6 \Rightarrow 1$、$7 \Rightarrow 2$、$8 \Rightarrow 3$、$9 \Rightarrow 4$、$0 \Rightarrow 5$ とします。
4. その結果として数字の列が得られます。つまり、ある数の10進展開です。この数字を T と呼ぶことにしましょう。T は、Dにあるすべての数字とは少なくとも1つの数字が**異なっています**。i 番めの行の i 番めの数字がTと異なっているのです。したがって $R(x) = T$ となる x はありません。しかし明らかに T は0と1の間にある実数です。つまり、対応付けはどうしてもうまくいかないのです。そして、対応付けの構造を具体的に指定せずに、何かそういうものがあると仮定しただけなので、この証明はうまくいく対応付けがありえないことを意味します。この構成法は常に、対応付けが不完全であることを示す反例を生み出します。
5. したがって、0と1の間のすべての実数の集合は、すべての自然数の集合より**確実に大きい**のです。

これがカントールの対角化で、この議論が集合論の知名度を上げました。

16.3 単純にしておくな、この間抜け

エンジニアの間に広まっている古い格言に、KISSの原則と呼ばれるものがあります。KISSとは "Keep it simple, stupid!"（単純にしておけ、この間抜け）のことです。これは、何か有用なものを組み立てているときに、できるだけ単純な作りにしておく、という考え方です。一番変化しやすい部分ほど、よりややこしい重箱の隅になり、エラーを見逃しやすくなります。

KISSの観点で眺めると集合論は最高です。集合論は見事に単純です。前の節では、素朴集合論の基礎全体について書きました。見るからに付け足すものはありません！

しかし不運なことに、実際には集合論はもっと複雑にならざるをえません。次の節では、集合論の公理化を見ますが、そうなんです、さっきやったよりもずっと複雑になるんです！ なぜ私たちは、KISS 原則を保ち、素朴集合論を使い、面倒臭いところを回避しておけないのでしょう？

その悲しい答えとしては、素朴集合論では行き詰まるからです。

素朴集合論では、**任意の**述語は、ある集合を定義します。論証を行う数学的対象の集まりがあり、そこから集合が作れます。集合それ自体も、論証ができる対象です。私たちも、部分集合などの定義を通じて述語から集合を作ってみました（部分集合は集合の間の関係です）。

集合の特性と、集合どうしの関係について論証を行うことで、集合の集合が定義できます。集合の集合は、集合論で扱える物事の心髄なので、ここは重要なところです。後で見るように、カントールは集合を使って数をモデル化する方法に行き着きましたが、その方法とは、数をある種の構造を持った集合で表すことでした。

集合の集合が定義できると、同じ仕組みを使って、無限個の集合を集めた無限に大きい集合が作れます。例えば、「無限の濃度（集合の大きさのこと）を持つ集合からなる集合」のような集合が作れます。この「無限集合の集合」には何個の集合があるでしょうか？ 明らかに無限個です。なぜかって？ 概略だけ説明します。自然数の集合は無限集合です。そこから数字の 1 を取り除いても、やはり無限集合のままです。こうやって 2 つの無限集合が手に入りました。自然数の集合と、自然数から 1 を除いた集合です。自然数の全部について同じことができるので、無限個の無限集合が得られます。よって、無限の濃度を持つ集合の集合は明らかに無限の濃度を持ちます！ さらに、この集合は**自分自身**の要素になっています！

自分自身を要素として含む集合が定義できると、「自分自身を要素として含む」ことに関する述語が書け、自分自身を要素として含むすべての集合を集めた集合といったものが定義できます。ここで「ある集合を調べたとき、それは自分自身を要素として含んでいるか？」という問題について考え出すと、困った状況が発生します。「自分自身を要素として含む」ことに関する述語からできる集合は **2 つ**あることがわかるのです！ 1 つは、自分自身を要素として含む集合をすべて集めた集合で、自分自身を要素として含むものです。もう 1 つは、自分自身を要素として含む集合をすべて集めた集合で、自分自身を要素として**含まない**ものです。

適正で形式的で誤解の余地がない FOPL の命題であるように**見える**述語が、集合の定義で使うとあいまいである、ということです。これは致命的ではないですが、気に留めるべき奇妙なことが起きている印です。

しかし、もうすぐ先に罠があります。「自分自身を要素として含む」集合をすべて集めた集合が定義できるなら、「自分自身を要素として**含まない**」集合をすべて集めた集合も定義できます。

そしてこれこそが**ラッセルのパラドックス**と呼ばれる問題の核心です。自分自身を**含まない**集合をすべて集めた集合を用意します。これは自分自身を含むのでしょうか？

自分自身を要素として含むと仮定します。自分自身を要素として含んでいるので、定義によって、その集合は自分自身の要素に**なりえません**。

では逆に、自分自身を要素として含まないと仮定します。すると定義により、その集合は自分自身の要素に**ならなくてはなりません**。

なんと行き詰まってしまいました。何をしようとも矛盾に行き当たります。数学にとっては致命的です。矛盾を導出するのを許すような形式的なシステムでは、まったくもって使い物になりません。たった１つでも矛盾を導出できてしまうようなエラーがあるということは、そのシステムでそれまでに発見したり証明したすべての結果が価値のないものだったということになります！ 矛盾がシステムのどこかに１つでも登場する可能性があるならば、どんな命題でも、真であるか偽であるかに関係なく、そのシステムで証明可能になってしまいます！

残念ながら、この問題は素朴集合論の構造の奥深くに埋め込まれてしまっています。素朴集合論では**どんな**述語からも集合が定義されることになっていますが、私たちが定義した述語には妥当なモデルがなく、矛盾なく対応する集合もありませんでした。この種の不整合が出てきてしまうことで、素朴集合論自身が一貫性のないことになります。そのため素朴集合論は捨てざるをえません。集合論を救うために必要なことは、もっと良い基礎の上に集合論を組み立てること以外にはありません。その基礎の上では、素朴集合論でできた単純なことはすべてできるべきですが、矛盾までは許容してはいけません。次の節では、ツェルメロ-フレンケル集合論と呼ばれる、より良い基礎の一種を見ていきましょう。この集合論は、強力な公理を使って集合論を定義し、うまく問題を回避しつつ、集合論の価値や美しさを保っています。

第17章

公理的集合論：長所を残して、短所を捨てる

前の章で、カントールのやり方で定義した素朴集合論の基礎を見ました。最初は素朴集合論は、その簡潔さと奥深さの組み合わせの素晴らしさから素敵なもののように思えました。しかし不幸なことに、その簡潔さは大きな犠牲を払うことになります。論理的な不整合を持つ、自己参照集合が作れてしまうのです。

幸いにも20世紀初頭の偉大な数学者たちは集合論を諦めませんでした。数学者たちによる、集合論を保護するための献身的な活動は、数学史における最も優れた数学者の一人であるダフィット・ヒルベルト（David Hilbert、1862–1943）による「何人（なんぴと）もカントールが作りし楽園から私たちを追放することはできない」という言葉に集約されます。この献身的な活動は集合論の基礎を再度定式化する努力へつながりました。そこで採用されたのは、集合論の優美さと強力さの大部分を残しつつ、その不整合を除去する方法です。その結果は**公理的集合論**として世に知られています。

公理的集合論では、**公理**と呼ばれる基礎的な初期規則から始めて、集合論を組み立てていきます。これから一貫性のある集合論を形作る公理を見ていきます。集合論を公理的に定式化する方法はいくつかありますが、だいたいは同じ結果になります。ここでは、**選択公理付きのツェルメロ-フレンケルの集合論**、略してZFC（Zermelo-Fraenkel set-theory with the axiom of Choice）と呼ばれる、最もよく使われるバージョンの公理的集合論を見ていきます。ZFCの公理化は10個の公

理から成り立っています。それらを調べていきましょう。特に**選択公理（axiom of choice）**と呼ばれる最後の公理は、提示されてから 100 年以上経った今でも議論の的となっています。なぜ数学者たちの感情をいまだにかき立てるのか見ていきましょう！

公理的集合論には他の選択肢もあります。その中で有名なのは **NBG 集合論**と呼ばれる ZFC の拡張です。NBG についても後で多少話しますが、この章の焦点はあくまでも ZFC です。

17.1 ZFC 集合論の公理

この節では、**健全な**集合論を作成する過程をたどっていきます。健全な集合論というのは、素朴集合論の直感的なところや簡潔さを残していて、それでいて不整合の罠に引っ掛からないような集合論のことです。

話を進めていく中で心に留めておいてほしいのは、これからやろうとしているのが基礎となる何かを生み出す作業だという点です。基礎となるものなので、一階述語論理と公理のほかには**何にも**依存できません。公理を使って構成するまでは、数も空間の点も関数もありません！ 公理から構成できると示さない限り、何かが存在するとは仮定できないのです。

健全な集合論を作るには何が必要でしょうか？ 素朴集合論のときは、集合はその要素から定義されるという主張から始めました。公理的集合論でもそれと同じやり方で始めましょう。集合がその要素だけで定義されるという特性は**外延性**と呼ばれます。

- **外延性の公理**

$$\forall A, B : A = B \Leftrightarrow (\forall C : C \in A \Leftrightarrow C \in B)$$

これは、集合がその要素によって記述されることを形式的に述べたものです。「もし 2 つの集合が含んでいる要素が同じならば、かつそのときに限り 2 つの集合は等しい」ということです。**外延性**という名前は数学用語で、もし同じように振る舞うならば、それらは同じものだ、と言っています。集合には、ある対象が集合の要素かどうか確かめるという振る舞いしかないので、ある対象が要素かどうかを 2 つの集合に質問したときに常に同じ答えを返すならば、2 つの集合は等しいことになります。

外延性の公理には 2 つの働きがあります。その振る舞いを定義することで、ある集合が**どんな集合であるか**を定義することと、2 つの集合を比較する方法を定義することです。とある集合が実際に存在しているかどうかや、新しい集合を定義する方法については、何も言っていません。

さて次の一歩では、公理を追加して、組み立て作業を始められるようにします。前に 1.1 節で見た帰納的パターンに従って、基底ケースと帰納ケースで考えます。基底ケースは、何も要素を持たない集合（空集合）がある、と言っています。帰納ケースは、空集合を使って別の集合を組み立てる方法を教えてくれます。

- **空集合の公理**

$$\exists\varnothing : \forall x : x \notin \varnothing$$

空集合の公理からは、すべての集合の基底ケースが得られます。この公理は、空集合（$\varnothing$）が存在し、それはどんな要素も含んでいない、と言っています。これがスタート地点になります。他の集合を組み立てるのに使う初期値が得られるわけです。それだけではありません。空集合が存在するという主張からは、この公理が与える実在する値の集合は**空集合を要素として含む集合**だとわかります[†1]。

- **対の公理**

$$\forall A, B : (\exists C : (\forall D : D \in C \Leftrightarrow (D = A \vee D = B)))$$

対の公理からは、新しい集合を作る方法が得られます。2 つの対象があったとき、その 2 つの対象だけからなる新しい集合が作れるのです。対の公理の話の前までで、空集合（$\varnothing$）と空集合だけを要素として含む集合（$\{\varnothing\}$）が得られましたが、空集合**と**空集合だけを要素として含む集合の両方を要素として含む集合（$\{\varnothing, \{\varnothing\}\}$）を作る方法はありませんでした。論理の形式上は、対の公理は、列挙することで 2 個の物を持つ集合が組み立てられる、と言っているだけです。A と B という 2 つの集合が与えられたとき、A と B**だけ**を要素として含む C という集合がある、と言っているのです。

- **和集合の公理**

$$\forall A : (\exists B : (\forall C : C \in B \Leftrightarrow (\exists D : C \in D \wedge D \in A)))$$

和集合の公理は、対の公理の親友です。その 2 つが揃うと、その要素を列挙するだけで、どんな有限集合でも作れます。この公理が形式ばって言っていることは、2 つの集合が与えられたときに、それらを合わせたものも集合だ、ということで

[†1] ［訳注］実際には、空集合の公理だけでは「空集合を要素として含む集合」の存在は言えません。次に出てくる対の公理により $\{\varnothing, \varnothing\}$ の存在が言え、さらに外延性の公理を使うとそれが $\{\varnothing\}$ と等しいことがわかり、存在が示せたことになります。

す。表記が複雑なのは、和集合を取る操作をまだ定義していないからです。この公理で言っていることは、その和集合を取る操作が定義できて、和集合を取ることにより新しい集合が作れる、ということだけです。対の公理を使うことで、集合に含めたい特定の要素を選び取れます。そして和集合の公理を使うことで、対の公理で作った複数の集合をつなぎ合わせられます。この 2 つの公理によって、ある特定の要素のリストを与えることができ、その要素だけを含んでいて他の要素は持たない集合が作れます。

ここまでに見た 4 つの公理によって、有限集合しか出てこない集合は作れるようになりました。しかし有限集合だけでは不十分です。カントールの対角化のようなものが新しい集合論でどうなるかを見たいのです。ただの有限集合を越えたものを作る手段が必要です。ここが私たちの新しい集合論にとって肝心なところになります。無限集合こそが、カントールの素朴集合論で問題が起きる箇所なのです。無限集合を作れるような仕組みは、すべて注意深く設計する必要があります。自己参照集合を**作れない**ことが保証されなければならないのです。

標準的な無限集合を 1 つ作るところから始めます。この正統的な無限集合は、おかしな振る舞いをしないものとわかっています。この集合を、原盤として使います。すべての無限集合は、この無限集合を原盤とした派生物であり、したがって、問題を起こすようなものは含んでいません。

- **無限公理**

$$\exists N : \emptyset \in N \land (\forall x : x \in N \Rightarrow x \cup \{x\} \in N)$$

無限公理は、これまで見てきた中で最も難しい公理です。というのは、これまでとは本質的に異なる考え方が使われているからです。この公理で言っているのは、無限個の要素を持つ集合がありえる、ということです！ 無限公理では、単に無限集合がありえると主張するのではなく、無限集合を作るための**特定の方法**があると言っていて、この公理を使って無限集合を作ったり、さらにそこから派生させて別の無限集合を作ったりできます。

無限集合の原盤は、公理によって次のような集合として定義されます。

1. 空集合を要素として含み、
2. その集合のそれぞれ要素 x について、x 自身と、x を要素として含む一元集合 $\{x\}$ との和集合を要素として含む。要するに、この集合の名前を N としたとき、N は $\emptyset$、$\{\emptyset\}$、$\{\emptyset, \{\emptyset\}\}$、$\{\emptyset, \{\emptyset\}, \{\emptyset, \{\emptyset\}\}\}$ などなどを要素として含む、という意味です。

この公理には 2 つの働きがあります。まず、すでにお話ししたように、この公理によって無限集合の原盤が得られます。もう 1 つは、無限集合をある特別な方法で定義する働きです。正統的な無限集合を定義する方法は、ほかにもたくさんありえるのです！ なぜこの方法を選んだかというと、この構成法がペアノ数の構成法から直接派生したものだからです。つまりペアノ数は、正統的な無限集合なのです。

- **分出メタ公理**

$$\forall A : \exists B : \forall C : C \in B \Leftrightarrow C \in A \wedge P(C)$$

有限集合では、空集合の公理により原盤となる有限集合が得られ、対の公理と和集合の公理により、その原盤となる有限集合から他の集合を作りました。無限集合では、無限公理により原盤となる無限集合が得られ、分出メタ公理により、論理の述語を使って他の無限集合をいくらでも作れます。

この公理に「メタ」と付いているのは、1 つ大きな問題があるからです。この公理で表したい本音は、任意の述語 P が与えられたとき、任意の集合 A を取り、A の要素から P を真にするものを選び出せば、その要素を集めたものが集合になる、ということです。もう少し噛み砕いて言うと、ある集合が最初にあって（例えば私たちの無限集合の原盤を思い描いてください）、そこから必要な特性を持つ部分集合を抽出することで特定の特性を持つ対象を集めた集合を作ることが可能である、というのがこの公理で言いたいことです。

これを 1 つの公理で**言いたい**ところなのですが、残念ながら言えません。**任意の述語 P** について真である命題を、一階述語論理で書くことは不可能なのです。この問題を迂回するため、ZFC 集合論を設計した人たちは、唯一の可能な対処をしました。彼らは**ズルをして**、これは実際には二階述語論理の公理ではなく、実際には無限個の公理の集まりを表す図式だ、と主張しました。すべての述語 P ごとに分出公理の実例があって、任意の集合の部分集合がこの述語 P を使って定義できるというわけです。

この公理が使えるのは無限集合から要素を選び出すときだけである、とはどこにも書いてありません。分出公理は、有限集合から共通の特性を持つ部分集合を発見するのにも使えます。ただし、有限集合では分出公理を使う**必要はありません**。欲しい要素を一つひとつ列挙すればいいだけです。$A = \{1, 2, 3, 4\}$ という集合があったとき、「A の偶数の要素」と言うこともできますし、単に「集合 $\{2, 4\}$」とも言えます。無限集合では、偶数の自然数全体のような集合を定義するのに分出公理を使う必要があります。

- **冪集合公理**

$$\forall A : \exists B : \forall C : C \subseteq A \Leftrightarrow C \in B$$

素敵で簡単な公理ですが、とても重要です。無限公理からは、無限集合の原盤が得られました。分出公理からは、ある無限集合から要素を選び出して別の無限集合を作る方法が得られました。この2つを組み合わせて使うと、原盤の**部分集合**である無限集合が作れます[†2]。しかし、これでは十分ではありません。もしこの新しい集合論が機能すると、実数の集合は自然数の集合よりも**大きく**なることがわかっていますし、無限集合の原盤が自然数の集合と同じ大きさであることもわ

[†2] ［訳注］部分集合 $C \subseteq A$ の説明は第16章に出てきてはいますが、本来なら ZFC で公理的な立場から改めて定義されなければなりません。例えば $\forall D : D \in C \Rightarrow D \in A$ のとき $C \subseteq A$ だとして部分集合を定義できます。

かっています[†3]。ある集合から、それより大きい集合を作る方法がないと、実数を集合で表現できないことになります！ 冪集合の公理を使うと、この問題を回避できます。この公理は、任意の集合 A について、その部分集合すべてを集めたもの（A の**冪集合**と呼びます）も集合になる、と言っています。これと無限公理と分出公理によって、無限集合の宇宙全体が作れます！

冪集合の公理は危険です。自然数の集合よりも**大きな**集合を作れるようになると、もうそこは薄氷の上、激しい痛みを伴う自己参照的な集合の生息地です。この本で理由を厳密に説明するのは難しいのですが、自然数の集合より大きな無限集合を作れない限りはパラドックスを引き起こす自己参照的な集合は作れません。冪集合を使えばそれができてしまうので、理論を健全にしておくために防火壁を設置する必要があります。

- **基礎の公理**

$$\forall A \neq \varnothing : \exists B \in A : A \cap B = \varnothing$$

すべての集合 A は、A 自身と交わらない集合 B を要素に持ちます[†4]。

この公理の要点を理解するのはかなり厄介です。この公理のおかげで、不整合を引き起こすような自己参照的な集合を作るのが不可能になります。この公理を破らずに自分自身だけを要素として含む集合は作れません。実際、自分自身を含まない集合全体の集合のような問題ある集合を作ってパラドックスを引き起こすことはできません。そういったものは集合ではなく、作れないので、集合についての論証において語ることもできず、そのため問題とはなりません。やや「ごまかし」にも感じますが、できる限り制限がない方法で問題のある集合を禁じているわけです。

新しい集合論についての説明はこれでほぼ完了です！ 有限集合と無限集合が作れます。どんな大きさの集合でも、有限集合から無限集合、さらに大きなものまで作れます！ 述語を使って集合を定義できます。そのときに不整合を起こすこともありません。やり残していることは何かあるでしょうか？

2 つ、やり残したことがあります。1 つめは簡単です。2 つめは、これまで出てきた中でも特に難しい考え方の 1 つです。簡単なほうからいきましょう。集合と述語を使って関数を定義する形式的な方法です。もう 1 つのほうは……まぁ、じきに説明します。

[†3] ［訳注］無限公理は、無限集合の原盤が「自然数をすべて含む、つまり、自然数と同じ、もしくはより大きな濃度を持つ」ことは言っていますが、「自然数と同じ濃度を持つ」ことは言っていません。

[†4] ［訳注］集合 X と集合 Y の共通部分が本当に ZFC で集合になることは、分出メタ公理からわかります。その集合を $X \cap Y$ と書くことにする、というのが公理的な立場での $\cap$ の定義です。

- **置換メタ公理**

$$\forall A : \exists B : \forall y : y \in B \Leftrightarrow \exists x \in A : y = F(x)$$

置換公理もまたメタ公理で、無限個の本当の公理の代役です。この公理は、述語を使って関数が定義できる、と言っています。述語 $P(x, y)$ が関数となるのは、この述語から定義される集合が関数の大事な特性を持っているときに限ります。その大事な特定とは、定義域のそれぞれの値が値域の 1 つの値に対応付く、というものです。関数や定義域や値域をまだ定義していないので、この主張を簡単に言うことはできません。

形式的な言い方で典型的な関数について語るとき、関数は論理的には述語を使って定義されるので、この公理が必要になります。例えば、$f(x) = x^2$ という関数を定義するとき、形式的にはなんと言えばいいかというと、「b は a の 2 乗だ」という意味の述語が真となる組 (a, b) の集合がある、です。ここでも分出メタ公理のときとまったく同じ問題に行き当たります。つまり、私たちが言いたいことは、任意の関数っぽい述語について集合の言葉で関数が定義できる、ということです。なんの準備もなしに**すべての**述語について何かを言うことはできないので、それができるということを明示的に言い、この公理がメタ公理として無限個の公理の代役を務め、その本当の公理が個々の関数っぽい述語に対応する、と言わなければなりません。

ここからは危険なので振り落とされないようにしてください。選択公理は、今でも数学者の間で議論の的になっている非常に奇妙な概念です。きわめてとらえがたく、なぜ必要なのかを直感的な言葉で説明するのは困難です。この公理が必要な理由は、置換公理が必要な理由と少し似ています。置換公理は関数を定義するのに必要な能力を提供するものでした。関数について語れないと困ることがあることはわかっていたし、その能力を定義するには公理が必要です。同じように選択公理も、例えば位相などの分野で必要になることがわかっているので、公理として追加する必要があります。

- **選択公理**

  純粋な記法で選択公理に挑むつもりはありません。難しすぎて理解できません。

  - X を、いずれの要素も空集合ではない集合とします。
  - X から X の要素の和集合への関数 f で、それぞれの要素 $x \in X$ について $f(x) \in x$ となるものが存在します。
  - f は**選択関数**と呼ばれます。

  この公理は何を意味しているのでしょうか？　簡単に説明することはできません。

大雑把に言うと、集合にはある種の構造があり、それにより、集合から物を選ぶための一貫性があってしかも恣意性を持たせられる仕組みが**存在する**、ということが言えるという意味です。集合が無限に大きくてもいいし、作り方や動作の方法を言うことが**できない**としても、とにかくそういう仕組みが存在するというわけです。

これでおしまいです。ようやく、公理の集まりによって定義され、新しい集合論が手に入りました。この新バージョンの集合論は、集合論の素敵な利点を全部兼ね備えています。すべてが形式的に述べられ（読みづらくはなりましたが）、それでも根底にある概念は素朴集合論の直感的な考え方とほぼ同じです。その考え方をすべて保ったまま、この注意深く作られた公理的な基礎では不整合が起きないことが保証されています。素朴集合論をだめにしてしまった問題は、注意深く設計された公理によって予防されています。

しかし話はまだ終わっていません。私は選択公理のことを、論争を呼ぶ難しいものだと言いましたが、その理由を説明していませんでした。なぜ選択公理が奇妙なのか、そして、なぜそんなに奇妙なことが起きるにもかかわらず選択公理が必要なのか、今から詳しく見ていきます。

17.2 選択公理の狂気

理解するのが本当に難しい唯一の公理は選択公理です。数学者の間でさえ、場合によっては選択公理が完全な論争の種になることを思えば、いかに難しいものであるかは納得できるでしょう。選択公理には、たくさんの変種や根本的に同じことの別の言い方があります。しかし、すべて結局は同じいくつかの問題に行き着きます。いずれも途方もない問題です。ただ、選択公理を捨てることにも深刻な問題があります。

選択公理の何がそんなに問題かを理解するには、ある変種を使うのが一番簡単です。ここで私が何をもって「変種」と言っているのかはっきりさせておきましょう。単に別の言葉で選択公理を言い換えた命題のことではありません。最終的に選択公理と同じことを証明しなければならない命題のことを、選択公理の変種と呼んでいます。例として、整列可能定理（well-ordering theorem）と呼ばれる変種を見ていきます。整列可能定理は、選択公理ありの ZFC で証明できます。ZFC から選択公理を取り除いた ZF に整列可能定理を付け加えれば、選択公理を証明できます。

整列可能定理は、選択公理の一番簡単な変種です。整列可能定理は、一見すると実に簡単で明らかなので、選択公理の狂気を示す格好の題材です。とはいえ、整列可能定理もよく考えてみれば実に気の狂ったものだと気づきます。整列可能定理で言えるのは、無限集合も含めたすべての集合 S に対して S 上に**整列順序**が定義できる、ということです。S 上の整列順序とは、S のすべての部分集合に対して**最小の要素**が1つ決まるような順序を意味します。

これは明らかなことでしょうか？「未満」を表す演算子が何かあったとして、その演算子に関して最小の要素が必ずあるといえるでしょうか？ これは問題ないように思えます。しかし、整列可能定理は実に気の狂ったことを暗示しています。整列可能定理は、正の実数に対して、**最小**の値が一意に存在するような順序を定義できると言っています。すべての実数 r が整列できるということは、それぞれ**次**に来るただ1つの一意な実数があるということです。もちろん0以上の実数の集合を作ることは可能です。これは分出公理によって明らかに許されています。この集合の最小の要素が0になるような順序を定義したとします。分出公理を再度使って、この集合から0を除いた部分集合を作ります。この新しい集合にも**依然として**最小の要素があるような順序を定義できると言っているのです。

これはばかげたことじゃないでしょうか？ 2つの実数の間には無限個の実数があるとわかっています。ということは、この話は素朴集合論で不整合のある集合と同じくらい深刻な、重大な不整合のように**見えます**。しかし通常の議論でこれは不整合になりません。なぜなら、明確な不整合を起こして数自身の価値を不正に利用**できる**という十分な証拠は今のところないからです。

選択公理から生まれる奇妙な結果には、数学において最も奇妙なことのうちの1つも含まれます。それは**バナッハ・タルスキーのパラドックス（Banach-Tarski paradox）**[†5] です。ある球を6個の欠片に分割します。そして、その6個の欠片を曲げたり折り畳んだりせずに、**2個**の別々の球になるように再びくっつけると、それぞれの球は元の球ときっちり同じ大きさになっているのです！ その6個の欠片を組み合わせて、元の球の1000倍大きな新しい球だって作れます！

詳しく調べてみると、バナッハ・タルスキーのパラドックスは完全に気が狂っているように見えるでしょう。しかし、想像するほど深刻ではありません。間違っているように**見えます**が、最終的にうまくいくのです。バナッハ・タルスキーのパラドックスは不整合ではありません。無限が実に奇妙な概念であることの証拠にすぎないのです。球の体積のようなものについて話すときは**測度論**と呼ばれるものを使います。球の体積は、測度によって定義されます。バナッハ・タルスキーのパラドックスでは、**無限に複雑な**断片を作るのに選択公理を使います。無限に複雑だと、図形の体積や表面積が**測れません**。ここで測度論の限界を越えてしまうのです。断

[†5] ［訳注］このパラドックスはステファン・バナッハ（Stefan Banach、1892–1945）とアルフレト・タルスキー（Alfred Tarski、1901–1983）が証明しました。この事実は証明されているので定理なのですが、結論が直感に反するのでパラドックスと呼ばれています。

片を集めて戻すとき、無限に複雑な欠片を組み上げ、もう一度体積が測れる図形にします。しかし、その途中で体積が測れない段階を経るため、前後で整合性を保つ必要がありません。これがうまくいくのは、究極的にはそれぞれの球が無限個の点を含んでいるからです。無限集合を 2 つに分割すると、半分に分けたそれぞれが同じ数の点を持っていることになるので、明らかに 2 つの新しい球を満たすのに十分な点があります。集合論では、これは不整合ではありません。測度論でも不整合ではないのですが、測度論ではそのような無限に複雑で体積を測れない欠片の存在が許されていません。

選択公理は何かにつけ問題を引き起こすように思えます。なぜ私たちは選択公理を手離さないのでしょう？ その答えを手に入れる一番簡単な方法は、選択公理の別の言い方を調べることです。選択公理は、空でない集合の集まりの直積集合は空ではない、という命題と同値です。これは単純で必須の命題です。空でない集合の直積が空でないことすら証明できないとしたら、私たちの新しい集合論でいったい**何が**できるというのでしょうか？

要するに選択公理が言っていることは、区別できない物の集合から選び出してくる関数を作れる、ということです。どんなふうに選ぶのかは気にしません。選び出してくる関数が理屈上あることだけを気にします。バートランド・ラッセル（Bertrand Russell、1872–1970）は、数学の有力な基礎として ZFC 集合論を打ち立てるのに一役買った数学者の一人ですが、選択公理が必要な理由について「無限個の靴下の組から片方の靴下を選ぶには選択公理が必要だが、靴ならば選択公理は必要ない」と説明しました。靴では、組になっている左右で形状が異なるので、それらを区別する関数を簡単に設計できます。靴下では、組の左右はまったく同じ形をしているので、区別する方法を説明できません。選択公理は、区別する方法が想像できなくても左右の靴下を区別できると言っているのです。

選択公理はどうもしっくりきません。気が狂っているように思えるし、不整合に見えます。しかし、それが**間違いである**ことは誰にもきっちり示すことはできず、単にしっくりこないというだけです。選択公理を受け入れるのを拒む人もいますが、ほとんどの人にとって選択公理を捨てる代償はとても大きいものです。基本的な整数論から位相幾何学、微積分学まで、数学の大部分が選択公理に依存しています。選択公理からは間違えている**ように思える**結論が得られますが、間違いに見える結果には実際にはきちんと説明がつきます。結局のところ、選択公理があるほうが公理的集合論が**うまくいく**ので、みんな使い続けているのです。

17.3 なぜ？

いかがでしょうか。これで集合論の基本を一通り見たことになります。この 10 個の公理と、単純な一階述語論理とから、数学のほとんどすべてが導出できます。自然数は無限公理と分出公理からきわめて自然に得られます。整数は第 2 章で見たように、自然数の組（タプル）から組み立てられます[†6]。整数を手に入れれば、第 3 章でやったように整数の比を取ることで有理数が作れます[†7]。有理数を手に入れたならば、いくつか公理を使ってデデキント切断を導出し、実数が得られます。実数を手に入れたならば、置換公理を使って超限数が得られます。すべて 10 個の規則から導けるのです。

驚くべきは、これが特別に難しい話ではないところです！ 公理にはそれぞれ納得できる意味があります。必要な理由ははっきりしており、その意味も明確です。理解するのに脳を酷使することはありません！ これらの規則を導出するには本物の才能が必要ですし、集合論を 10 個の規則にまとめる方法を見つけ出して、しかもラッセルのパラドックスのような問題を避けるのは、信じられないくらい困難な仕事です。しかし何人かの天才がその仕事を片づけてしまった今、私たち凡人の前には素晴らしいお膳立てが整っています。私たちは公理を導出できる必要はありません。ただ理解するだけでいいです。

集合論を公理的に定義する行為の要点は、素朴集合論の不整合を回避することでした。その方法は、基本的な集合の定義と基礎的な集合の演算を、公理によって

---

†6 ［訳注］ここで言う「組」とは対の公理の対で得られる対とは異なります。対を構成する 2 つの要素には並び順がなく、$\{a, b\}$ という対も $\{b, a\}$ という対も同じです。対とは違って組に含まれる 2 つの要素には順序があります。それを明示して「順序対」と呼ぶこともあります。組 (a, b) を定義する方法はいくつかありますが、例えばクラトフスキーの定義では $\{\{a\}, \{a, b\}\}$ となっています。2 つの集合 a、b から、ZFC の公理を使い順序対 $\{\{a\}, \{a, b\}\}$ を作る手順を示します。対の公理で $\{a, a\}$ を作れ、これは外延性の公理から $\{a\}$ と等しいことがわかります。そして対の公理で作った $\{a, b\}$ と $\{a\}$ に再び対の公理を使えば、$\{\{a\}, \{a, b\}\}$ ができあがります。

†7 ［訳注］比 a/b に登場する整数 a、b の順序には意味があるので、組を使って (a, b) で表します。

しっかり制約するというものでした。公理は、単に「集合は物の集まりだ」というだけでなく、集合であるための制約を設けるものです。公理は、単に「要素を選び出す述語が書ければ、その述語から集合が定義できる」というのだけでなく、述語を使って**有効な**集合を定義できるような制約の仕組みです。こうした制約が整備できれば、残りの数学を組み立てるのに使える一貫してきちんと定義された基礎的な理論が手に入ったことになります！

第18章 モデル：数学の世界のレゴブロックとして集合を使う

数学者は、集合論を基礎にしてすべての数学を再作成できると言うのが好きです。これはいったいどんな意味なのでしょう？

集合は驚くほど柔軟です。ZFC 集合論として手に入った基礎構造で、なんでも**組み立て**られます。集合は、数学におけるレゴブロックのようなものです。いろいろな方法で簡単に組み合わせられるので、なんでも好きなものを組み立てられます。数学のほとんどあらゆる分野で、必要な対象を集合を使って組み立てられるのです。

位相幾何学のような数学的体系を新しく組み立てたいとします。位相幾何学というのは、簡単に言うと、面上の点と点の近さを調べることにより面の形を研究する方法です。位相幾何学の公理は、**点**とは何か、**形**とは何か、ある点が他の点に**近い**とはどういうことか、といった物事を定義します。

集合についてやったように、まったく何もないところから始めて、位相幾何学の数学を組み立てることもできるでしょう。それには、基本的な質問に答えられるように、とてもたくさんの基礎的な公理から始める必要があるでしょう。具体的には、一番単純な位相空間は何か、より複雑な位相空間を組み立てるにはどうするか、位相空間についての命題を作るのに論理をどう使うか、といった質問に答えられるようにしたいわけです。これはとても難しい作業でしょう。それに ZFC 集合論ですでに通った道を再度たどる部分も多いでしょう。集合論を使えば、この工程がもっと簡単になります。私たちは、位相幾何学の基本的な対象（点や面）をどう組み立てるのかを集合論の言葉で示す、**モデル**を組み立てるだけでいいのです。モデルができたら、ZFC の公理と一緒にそのモデルを使うことで、位相幾何学の公理を証明する方法が示せます。

モデルを組み立てるということの意味を理解するには、数学の多くの概念にも言えることですが、具体例を見るのが一番簡単です。ここでは集合論の本来の目的に立ち戻り、序数と基数について集合に基づいたモデルを組み立ててみましょう。

18.1 自然数を組み立てる

ずいぶん前の章（第 1 章）で自然数を公理的に定義しました。数学では、対象とその振る舞いを、ペアノ算術の規則のような公理的な定義を使って定めることが多くあります。数学で微妙なところの 1 つは、新しい数学の構成物を定義したいときに、公理の集まりを定めるだけでは不十分なことです。公理の集まりは、ある種の対象やその対象の動作の仕方についての論理的な定義ですが、実際のところ公理では、その定義に当てはまる対象が存在するかや、その定義に当てはまる対象を作ることが理にかなっているかは示されません。公理的な定義がきちんと働くためには、その公理を満たす対象の集合を組み上げる方法を示して、定義で述べられている対象が存在しえることを証明する必要があります。この対象の集合のことを公理の**モデル**と呼びます。ここで集合が役立ちます。集合は数学的対象を組み立てる枠組みであり、たいていどんな公理的な定義のモデルにも使えます。

では、自然数のモデルを作っていきましょう。数が存在していることを仮定しないで、どうやっていけばいいのでしょうか？ 集合論の考案者の仕事を振り返ってみましょう。19 世紀、ゲオルク・カントールは、それまでにも多くの数学者が挑戦してきた仕事に取り組んでいました。新しい数学を組み立てられるような、単純で最小限の基礎を探そうと試みていたのです。彼が考えついたものが後に集合論となります。それ以前にも集合の基本的なアイディアは何千年にもわたって数学で使われていましたが、形式的な基礎付けに成功した人はいませんでした。カントールは、まさにその形式化を行ったことで、数学の様相を永遠に変えてしまいました。彼の仕事には完璧に正しいわけではない部分もありましたが、集合論についての彼のアイディアに残っていた問題は ZFC で修正されました。形式的な集合という概念の価値を示したカントールの先駆的な仕事がなければ、ZFC が登場することもなかったでしょう。カントールは、集合の概念を使って数のモデルを組み立てることで、形式的な集合の威力を最初に示しました。そのモデルは ZFC のもとでも見事に成立します。

整数論の基礎の研究の一部として、カントールは集合を形式化しました。彼は、単純な集合概念から始めて、数のモデルを組み立てたいと考えていました。つまり、この本で私たちがしてきてことそのものです。

まず、語ろうとしている対象について定義する必要があります。今は自然数の**集合**がその対象です。その基本的な構成については無限公理が出てきたときに見ています。自然数の集合は 0 から始まり、これを $\emptyset$ で表します。これに付け足していく自然数 N は、それぞれ N より小さいすべての数の集合として表します。

- $1 = \{0\} = \{\emptyset\}$
- $2 = \{0,1\} = \{\emptyset, \{\emptyset\}\}$
- $3 = \{0,1,2\} = \{\emptyset, \{\emptyset\}, \{\emptyset, \{\emptyset\}\}\}$
- $\ldots$

さてここで、自然数の意味を定義している公理を、この自然数の構成に適用したときに、真になることを示す必要があります。これは、自然数については、ペアノの公理が真であることを示す必要がある、ということを意味します。

1. **初期値の規則**：ペアノの公理の 1 つめは**初期値の規則**です。これは、0 は自然数、と言っています。私たちの自然数の構成には、すでに自然数の 0 があります。この 0 をもって初期値の規則が満たされます。
2. **後者、一意性、前者の規則**：ペアノ算術は、すべての数にはきっちり 1 つの一意な後者がある、と言っています。私たちの構成でも、それぞれの数にきっちり 1 つの後者が存在することは明らかです。数 N について、その後者は 0 から N までの値の集合として作られます。ここでは後者を作る方法はたった 1 つしかないので、明らかに後者は一意です。後者の規則が真ならば、0 に前者がない限り、前者の規則も**また**真です。私たちのモデルでは 0 は $\emptyset$ として表されています。いったいどんな集合がこの前者になりえるでしょうか？ どんな数 N の後者でも N を要素として含みます。0 の表現は何も要素として含まないので、何かの後者になることはできません。
3. **等価性の規則**：集合の等価性を使いましょう。2 つの集合が等しいのは、同じ要素を持つとき、かつそのときに限ります。集合の等価性は反射的、対称的、推移的なので、私たちの集合に基づくモデルでも数は同じ性質を持つ、つまり等価性があるということです。
4. **帰納法**： 無限公理は、帰納的な証明がうまく使えるように特別に設計されています。この公理は、より強い形で帰納法の規則を直接言い換えたものになっています。これは、自然数の集合論的モデルでの帰納的な証明がうまく使えることを意味します。

今何をしているかというと、集合を使って自然数の**モデル**を組み立て、ペアノの公理が真でありその組み立てが妥当であると簡単に証明できることを示しました。これで私たちの自然数の定義が一貫性を持ち、その定義を満たす対象が作れることがわかったことになります。集合に基づいたモデルが、ペアノ算術の公理と一貫性を持ち、公理を満たすという事実は、このモデルを使えば自然数に関するどんな証明も ZFC の公理の言葉による証明へ還元できる、ということを意味します。ZFC を組み立てたときと同じ方法を繰り返して基盤を再作成する必要はありません。もうすでに一度組み立てているので、それを使い続けるだけでいいのです。

18.2 モデルからモデル：自然数から整数、そしてその先へ！

集合はレゴブロックのようなものだと言いましたが、冗談ではなく本気です。私からすると、構造物を組み立てるのに集合を使うのもレゴを使うのも、どちらもよく似ています。普通、レゴで凝った家を組み立てようというとき、どうやって組み立てるかを個々のブロックに着目して考え始めるわけではありません。プロジェクトを複数の構成物に分割するところから始めます。壁や屋根や梁を組み立て、それらを集めて家を作るでしょう。壁を作るときには、土台や窓や窓枠など、いくつかの部分に分けるでしょう。数学では、集合でモデルを組み立てるときに同じようなことをします。まず集合から単純な構成物を組み立て、そしてその構成物からより複雑なモデルを組み立てます。

私たちは、集合だけを使って自然数の素敵なモデルを組み立てました。実際、空集合しかないところから始め、ZFC の公理を使って自然数の集合を組み立てることができました。

ここからは、もっといろいろな数を組み立てていきましょう。前に第 2 章でやったのと厳密に同じ方法で行いますが、今回は集合に基づいた自然数を使っていきます。

これから何をするかというと、前に集合を使って定義した自然数を取ってきます。それらの自然数に対し、値はさっきとまったく同じまま、前とは異なる意味を割り当てていきます。

すべての**偶数**の自然数 N について、これは $N/2$ に等しい**非負の**整数を表すとします。すべての**奇数**の自然数 N について、これは $-(N+1)/2$ に等しい**負の**整数を表すとします。

もちろん、形式化のためには、偶数であるとはどんな意味なのかをちゃんと定義する必要があります。

$$\forall n \in \mathbb{N} : \mathit{Even}(n) \Leftrightarrow (\exists x \in \mathbb{N} : 2 \times x = n)$$
$$\forall n \in \mathbb{N} : \mathit{Odd}(n) \Leftrightarrow \neg \mathit{Even}(n)$$

ということで、次のことが成り立ちます。

- 自然数の 0 は整数の 0 を表します。$2 \times 0 = 0$ なので 0 は偶数です。したがって、整数の 0 は空集合で表されます。
- 自然数の 1 が表すのは整数の -1 となります。1 は奇数なので $-(1+1)/2 = -1$ を表します。これより、-1 は集合 $\{\emptyset\}$ で表されます。
- 自然数の 2 は整数の $+1$ を表すことから、$+1$ は集合 $\{\emptyset, \{\emptyset\}\}$ で表されることになります。
- 自然数の 3 は整数の -2 なので、-2 は $\{\emptyset, \{\emptyset\}, \{\emptyset, \{\emptyset\}\}\}$ で表されます。
- 以降も同様にします。

整数の妥当なモデルとなるためには、整数の公理がこのモデルでも成立することを示す必要があります。ほとんどの公理が成立するのはほぼ明らかです。というのは、自然数については検証が済んでいるからです。新たに追加したことは、足し算についての逆元という概念です。というわけで、足し算についての逆元の公理が、この整数のモデルでも成り立つことを示す必要があります。足し算についての逆元の公理というのは、すべての整数について足し算についての逆元がある、ということです。整数の足し算の定義から、N と $-N$ が存在すれば、$N + -N = 0$ となることはわかっています。示さなければならないのは、0以上のすべての整数Nについて私たちのモデルに$-N$があり、0以下のすべての$-N$について私たちのモデルに$+N$があることです。

整数論における証明では帰納法をよく使います。ここでも帰納法を使って、0以上のすべての整数Nに足し算についての逆元が存在することを証明しましょう。

1. 基底ケース：0は自分自身の足し算についての逆元なので、0の足し算についての逆元は存在します。
2. 帰納ケース：どんな0以上の整数nについても、nの足し算についての逆元が存在すれば、$n+1$の足し算についての逆元も必ず存在します。
3. どんな0以上の整数nについても、それがある自然数$2n$で表されることを使って、帰納部分が真であることを示せます。自然数$2n$が整数nを表すことはわかっているので、私たちの整数のモデルの定義から、自然数$2n+2$は整数$n+1$を表し、自然数$2n+1$は整数$n+1$の足し算についての逆元を表します。$n+1$の足し算についての逆元が存在することは、それがどう自然数で表されるかを厳密に示すことで証明しました。

このちょっとした証明では、レゴをモデルとして集合を使う美しさが実証されています。私たちは空集合しかないところから始めました。それを使って自然数を組み上げました。次に、自然数を使って整数を組み上げました。自然数を組み立ててから、自然数を使って整数を組み立てるという段階を踏まなかったら、足し算についての逆元が存在することを証明するのはもっと辛かったでしょう。確かに証明はできますが、その証明は読むのも書くのも辛いものになるでしょう。

このまま同じように続けて、もっと多くの数を組み立てられます。前に第3章で、有理数を整数の組で定義し、実数を有理数のデデキント切断で定義したとき、私たちはまさに、集合に基づいたこれらの数のモデルを使っていて、そのモデルは、一番最初の集合に基づいた自然数のモデルの上に組み立てられていました。今私たちがはっきりさせているのは、集合に基づくとりわけ単純な数のモデルを手に入れてから、その最初のモデルの上に集合に基づく構成物というブロックを使ってもっともっと上等なブロックを組み立てる、という事実です。

これが集合から数学を組み立てるやり方です。まず単純な部品からブロックを組み立て、次にそのブロックを使ってより上等な部品を組み立て、これを望むところに行き着くまで続けます。それが数であれ、形であれ、位相であれ、計算機であれ、すべて同じです。集合を使ってレゴを組み立てるという工程なのです。

どんなに強調してもしすぎることのないポイントが1つあります。集合は本当にすごい究極の数学のブロックです。この章では、自然数と整数のモデルを組み立てました。**自然数**を組み立てたのではありません。自然数の**モデル**を組み立てたのです。ある対象のモデルは、そのモデル化された対象そのものでは**ありません**。

レゴブロックを思い浮かべてみてください。レゴを使って自動車のすごいモデルを組み立てられます。しかし自動車はレゴでできているわけではありません。自動車のモデルを組み立てているときには、自動車が実際には何でできているかは関係ありません。やりたいことは、自動車のように見え、自動車のように振る舞う何かを組み立てることです。たとえ巨大なレゴモデルを組み立て、それに人が乗れ、実際に自動車として使えても、それは自動車がレゴでできているということにはなりません！

ここが、集合でモデルを組み立てるときに、いつも人々を惑わせてしまうポイントです。私たちは自然数の美しいモデルを組み立てました。しかし、このモデルの自然数を表している対象は依然として集合のままです。私たちの構成において、自然数の７と９の**モデル**の積集合を取れます。しかし、**自然数**の７と９の積集合は取れません。なぜなら、自然数はモデルの中の対象ではないからです。モデルにある対象をいじっているときには、全体を通して**モデルの中での**操作の観点でいじらなければなりません。モデルの中では、その範囲内にとどまらなければならず、さもなくば結論は有意義なものにはならないでしょう。

集合論の中で何かを組み立てるときはいつでも、次のことを覚えておかなければなりません。対象のモデルを集合で組み立てますが、モデル化したその対象はモデルではありません。有効な結果を得たいなら、モデルの範囲から出ないように気をつける必要があります。レゴブロックの比喩をもう一度使うと、こうなります。透明なブロックを窓に使って、家のモデルをレゴで組み立てることができます。家のモデルから窓のモデルを取り外して、ブロックをバラバラにし、再び組み立てられます。しかし本物の窓で同じことはできません。

第19章 超限数：無限集合の数え上げと順序付け

とりわけ深遠な問いの１つは「無限に大きな何かで、それ以外の無限に大きなもの**より大きい**ものがあるか？」でしょう。これは、集合論を使って答えが出された最初の問いでもありました。この問いへの答えを知り、無限にも段階があることを認識すると、さらに新しい疑問がわいてきます。数を使って、どのように無限について語れるでしょうか？ 無限に対して算術計算はできるしょうか？ 無限に大きな数とは何を意味するのでしょうか？ この節では、集合というレンズを通して数を眺め、集合の観点からカントールによる濃度と順序数の定義を調べることで、これらの問いに答えていきます。これにより私たちは新しい種類の数を手に入れることになります。その新しい数とは、カントールの**超限数**です。

19.1 超限基数の導入

濃度は、集合の大きさの物差しです。有限集合なら驚くほど簡単な概念です。集合に含まれる要素の個数を数え上げれば、それが濃度だからです。数の概念と集合論について調べていたカントールが、数の意味について最初にはっきり気がついたのが濃度でした。集合を前にして最初に思いつく質問の１つは、「どれくらい大きいか？」でしょう。集合の大きさの物差しは、集合に含まれる要素の**個数**であり、それを集合の**濃度（cardinality）**と呼ぶのです。

集合の大きさの概念が手に入ると、集合の**相対的な**大きさが気になり始めます。「どっちの集合がより大きいのか。こっちかそっちか？」という具合です。この問いは、無限に大きい集合を考えたとき、より興味深いものになります。2つの無限に大きい集合があったとき、片方は他方より大きいでしょうか？ 無限に大きな集合に、いくつか大きさが違うものがあったとして、無限の段階はいくつなのでしょうか？

私たちはすでに16.2節で、異なる無限集合の濃度を比較する方法の例を見ています。その例では、集合の間の1対1関数を使って無限集合の相対的な濃度を測りました。2つの集合 S と T があり、S から T への完全な1対1対応があったとすると、S と T は同じ濃度を持ちます。

単純な概念に思えますが、実はとても奇妙な結果が導かれます。例えば、偶数の自然数の集合は、自然数の集合と同じ濃度を持ちます。$f(x) = 2 * x$ は、自然数の集合から偶数の自然数の集合への、全域で定義された1対1関数です。したがって偶数の自然数の集合と自然数全体の集合とは同じ大きさです。たとえ偶数の自然数の集合が、自然数の集合の部分集合であったとしてもです。

ほとんどの集合は3つの濃度のうちいずれかの階級に分類できます。自然数の濃度よりも小さい濃度を持つ有限集合、自然数の濃度と同じ濃度を持つ可算集合、自然数の濃度よりも大きい濃度を持つ非可算集合です。

カントールによって始まった集合論は、異なる集合どうしの相対的な濃度を記述する、新しい種類の数を生み出しました。集合論が出てくる前は、有限な数が複数と無限な数が1つあれば大きさについて議論できると考えられていました。しかし、集合論によって、それでは不十分であることが示されました。無限にもいろいろあるのです。

無限集合を含めた集合の濃度を記述するためには、単なる自然数を越えた何かを含むような数の体系が必要です。カントールは、**基数（cardinal number）**と呼ばれる拡張版の自然数を提案しました。基数は、自然数に**超限数（transfinite cardinal number）**と呼ばれる新しい数の一族を加えたものから構成されています。無限集合の濃度は、超限数の基数でもって指定されます。一番めの超限数は $\aleph_0$（「アレフ・ゼロ」と発音します）と書かれ、これは自然数全体からなる集合の大きさです。

超限数を調べていって、無限に対してどんな意味があるのか突き止めようとすると、すごく面白い結果にたどり着きます。カントールの対角化で使ったのと同じ基本的なアイディアを使うと、「空でないどんな集合 S についても、S のすべての部分集合からなる集合（S の冪集合とも呼ばれます）は、S よりも真に大きい」ということを証明できるのです。ということは、一番小さい無限集合 $\aleph_0$ から、それよりも大きい無限集合が得られることを証明できるのです。そのうちで最小のものを

$\aleph_1$ と呼びましょう。そして $\aleph_1$ があるのなら、それより大きい無限集合もあるはずです。そのうち最小なものを $\aleph_2$ と呼びます。その先も同様です。どんどん大きくなっていく、無限たちの無限の連鎖があるのです！

19.2 連続体仮説

カントールは、$\aleph_0$ の次に大きい無限集合は $\aleph_0$ の冪集合だと提唱しました。これは実数全体からなる集合の大きさです。この命題は**連続体仮説**として知られています。連続体仮説が正しいならば、次の式が成り立ちます[†1]。

$$\aleph_1 = 2^{\aleph_0}$$

連続体仮説は、実はとても厄介な問題です。集合論とそこから組み上げられた数のモデル（したがって集合論に基づくすべての数学！）では、この仮説は**真でも偽でもありません**。つまり、連続体仮説を真として扱うことを選んでもよく、それによって ZFC に基づいた数学全体に問題が起きることはありません。なぜなら、それによって矛盾が起きることを絶対に証明できないからです。しかし、これを**偽**であると**してもよく**、それでも ZFC の中で矛盾は見つからないのです。

連続体仮説の話を聞くと、素朴集合論におけるラッセルのパラドックスのような問題だと思うかもしれません。何か、真でも偽でもあるようなものが手に入ったように見えます！

しかし連続体仮説は本当の問題では**ありません**。ラッセルのパラドックスでは、2 つの答えがありえる問いがあって、どちらも偽だと証明できました。連続体仮説では、2 つの答えがありえる問いがあって、**どちらの答えも**証明できません。ここに矛盾はありません。不整合があることを示すどんな証明も作れないのです。これはまさしく ZFC 集合論の限界の 1 つです。連続体仮説はどちらとも証明できません。連続体仮説が真である完璧に妥当な超限数の体系も、連続体仮説が偽である完璧に妥当な超限数の体系も存在します。連続体仮説が真の場合と偽の場合の好きなほうを公理として加えて、等しく妥当な 2 つの体系を作ったら、そのどちらを選んでもいいのです。

とても奇妙です。しかし、これが数学の性質なのです。前にも言ったとおり、数学の歴史は期待はずれなことでいっぱいです。連続体仮説が提唱されたとき、真だと信じる人もいれば、偽だと信じる人もいました。しかし、これが独立な命題で真とも偽とも証明できないとは、誰も夢にも思いませんでした。最も単純で明確な基

[†1] ［訳注］$2^{\aleph_0}$ は実数全体からなる集合の濃度のことです。

礎から数学を定義するとしても、すべてが期待どおりに動くものには絶対にならない、という事実からは逃れられないのです。

19.3 無限の中のどこ？

さて、私たちは集合を手に入れ、基数を使って集合の大きさについて語れるようになりました。しかし大きさがわかっている集合があり、その要素のなんらかの形での順番がわかっていても、特定の値がその集合の**どこに**いるのかはわかりません。基数は集合の要素の数を記述します。それは量を指定する方法なのです。

英語には、通常の数（基数）のほかに、ファーストやセカンドといった序数があります。通常の数（基数）を使うところで序数が使えないことを示すのは簡単ですが、その逆は簡単には示せません。あなたが英語で "I have seventh apples" と言ったら、それは明らかに間違いです。逆に、"I want apple 3" と言えば、通常の数（基数）を使って並んでいる位置を指定しているように聞こえます。英語では、こんなふうにやり過ごせます。数学では、そうは行きません。量の尺度についてではなく位置について言及するなら、違う意味を持った**違う**ものが必要です。

そこで**順序数（ordinal number）**の定義が必要になります。順序数のモデルを組み立てるにあたっては、これまでと同じ表現が使えます。順序数と基数に、内部的には同じものを使っても大丈夫だということです。**モデルの中では**、そこでモデル化されたものについてしか語れないことを思い出してください。そのため、基数のモデルから基数を取り出して順序数のモデルに放り込んでも、基数として意味を持つわけではないのです。

順序数が得られた今、無限の濃度を持つ集合に対して使うと何が起きるでしょうか？ 大きさが $\aleph_0$ の集合の中で、どうやったら並び順の位置を記述できるのでしょうか？ その集合の中の要素の位置について語るには、有限番目のすべての位置の**後にくる**要素のうちで最初のものの位置を表す方法が必要です。

超限基数を定義する必要があったのと同じように、**超限順序数（transfinite ordinal number）**と呼ばれる、新しい種類の順序数を定義する必要があります。最初の超限順序数を表す記号としては ω（「オメガ」）を使います。

超限数は、基数と順序数とで振る舞いが大きく違う箇所の 1 つです。大きさが $\aleph_0$ の集合に要素を 1 つ加えた場合、その集合の大きさは**依然として** $\aleph_0$ です。しかし位置 ω を見ていて、そこから 1 つ後を見たら、位置 ω の後ろには $\omega + 1$ があります。$\omega + 1$ は ω よりも大きいということです。

ここで大きいと言っているのは、大きさについての話ではなく、位置についての話であることを思い出してください。超限順序数の領域に入っていても、位置 ω の対象には**次にくる**対象が存在します。これは ω とは違う位置なので、違う超限順序数が必要なのです。順序数には下記のような 3 つの種類があります。

- **始順序数（Initial Ordinal）**
  始順序数は、整列集合の一番先頭の要素の位置である 0 です。
- **後続順序数（Successor Ordinal）**
  後続順序数は、ある順序数のすぐ後（いわゆる後続）の順序数として定義される順序数です。始順序数以外のすべての有限番目の位置は後続順序数です。
- **極限順序数（Limit Ordinal）**
  極限順序数は、ω のような、後続を取っていくことでは到達できない順序数です。

ω は極限順序数です。これは有限な順序数の極限になっています。一番最初の有限でない順序数として、すべての有限な順序数は ω の前にきますが、ω がどの順序数の後続になるかを指し示す方法はありません（順序数の算術には引き算はないので、$\omega - 1$ は定義されていません）。極限順序数は、私たちにとって、無限集合への橋渡しとして重要です。有限集合の範囲であれば後続順序数によって位置を示せますが、無限集合となるとうまくいきません。それに、先ほど見たとおり、超限基数に対応する集合はいくらでも大きくとれます。

では、集合における位置の話において、超限順序数はどこに出てくるのでしょうか。これは一般には**超限帰納法（transfinite induction）**[†2] を使った証明の一部になります。濃度が超限基数である集合に、要素として ω そのものが含まれているかどうか知りませんが、ω 番めの要素については語れるのです。

その証明には同型写像を使います。数学で**同型（isomorphism）**と言ったら、2 つの別々のものの間に厳密な 1 対 1 対応[†3] があることです。すべての整列集合には、集合として同型な順序数があります。N 個の要素を持つ整列集合には、同型な順序数 N があります。

整列集合および同型対応という視点から眺めることで、無限集合の ω 番めの要素について語れることになります。大きさが ω の集合が存在することはわかっているので、それに対応する順序数も存在するのです。

さてこれで私たちは順序数を手に入れました。そして、順序数が基数とは違うということを、ごく簡単に見ました。基数 $\aleph_0$ は ω で表される集合の濃度です。$\omega + 1$ もそうです。さらに $\omega + 2$ もそうです。その先も同様です。そういうわけ

---

†2 ［訳注］ある整列集合 A の各要素 a について、ある命題 $P(a)$ が定まっているときに、A の最小の要素 a_0 について $P(a_0)$ は真で、a を A の任意の要素としたときに a より小さいすべての A の要素 b について $P(b)$ が真ならば $P(a)$ も真、が成り立てば、P は A のすべての要素について真になります。これを超限帰納法と呼びます。数学的帰納法は、この超限帰納法の特別な例だといえます。

†3 ［訳注］ここで「厳密な」とあるのは、単に集合の要素どうしが 1 対 1 に対応しているだけでなく、この場合には順序関係を崩さずに対応付けられているという意味です。

で、順序数では ω と $\omega + 1$ は違います。しかし基数では、ω と $\omega + 1$ の大きさは同じです。なぜなら、$\aleph_0$ は $\aleph_0 + 1$ と同じだからです。

この2つが違うのは、それぞれ違う意味だからです。この違いは、有限の値を見てもそれほど明らかではありません。しかし無限が出てきたとたん、両者は完全に違うものとなり、完全に違う規則に従うのです。

第20章 群論：集合の対称性を見つける

毎朝起きて洗面所に行き、鏡の前で歯を磨く人も多いでしょう。そのとき私たちは、対称性という、普段めったに考えることがない深遠な数学的概念と対峙しています。

毎日のように目にしている鏡の反射は、私たちにとって最もなじみ深い種類の対称性です。ほかにも多くの種類の対称性があります。対称性は、数学から美術、音楽、物理学まであらゆるところに現れる、非常に一般的な概念です。対称性の数学的な意味を理解することで、さまざまな種類のすべての対称性が、実は同じ基礎的な概念の異なる表現であることがわかります。

対称性とは何なのかを理解するために、集合のレゴブロックみたいな性質を使い、**群（group）**と呼ばれる代数的構造を組み立て、**群論（group theory）**を調査していきます。**対称的である（symmetric）**とはどういう意味なのかを、精密で形式的な数学用語でとらえるのが群です。

20.1 謎めいた対称性

私が暗号足し算と呼んでいるゲームをしましょう。a から k までの文字を選び、それぞれを −5 と +5 の間の数に 1 対 1 で割り当てておいて、どの文字がどの数を表すのかを見つけ出そうというゲームです。唯一の手がかりは表 20.1 だけで、ここには合計が −5 から +5 の範囲に収まる文字どうしの合計が表示してあります。

▶ 表 20.1 暗号足し算表：a から k までの文字は、−5 と +5 の間の数を表しています。表の中の文字は、行と列のラベルの合計を表しています。

	a	b	c	d	e	f	g	h	i	j	k
a:			b	a	h		f		d	k	
b:			f	b	d		k	a	c	h	
c:	b	f	g	c	i	k	j	d		e	h
d:	a	b	c	d	e	f	g	h	i	j	k
e:	h	d	i	e		c		j			g
f:			k	f	c		h	b	g	d	a
g:	f	k	j	e		h	e	c		i	d
h:		a	d	h	j	b	c	k	e	g	f
i:	d	c		i		g		e			j
j:	k	h	e	j		d	i	g			c
k:			h	k	g	a	d	f	j	c	b

どの数がどの文字で表されているか、暗号足し算表を使ってわかることはなんでしょうか？

どれが 0 かは簡単にわかります。最初の行を見ればよいのです。ここには、a で表される数ともう 1 つの数とを足したときに得られる文字が表示してあります。a と d を足すと a になり、このことから d は 0 です。というのは、0 が $x + 0 = x$ を満たす唯一の数だからです。

どれが 0 かがわかったら、足し合わせると 0 になることから、正の数と負の数の組が判明します。つまり、数 a が何かはわからないが、a + i = 0 ということはわかっているので、a = −i ということもわかります。

ほかにわかることはなんでしょうか？ いろいろ試してみると、ある列が見つかります。a から始めて、それに c を足すと、b が得られます。それにもう一度 c を続けて足していくと、f、k、h、d、c、g、j、e となり、最後に i になります。あるいは、i から始めて h を繰り返し足していくと、さっきとは逆の列が得られます。h と c のみが、数の列全体を渡っていけるので、それらが −1 と 1 だとわかりますが、どっちがどっちかはわかりません。

この列がわかれば、残りのほとんどが判明します。c と h が −1 と 1 であることはわかっているので、g と k は −2 と 2、f と j は −3 と 3、b と e は −4 と 4 です。ここまでくれば、a と i が −5 と 5 なのはわかります。

c と h のうち、どちらの記号が +1 を表しているのでしょうか？

それはわかりません。a は −5 なのかもしれませんが、その場合は c は +1 で、また a は +5 なのかもしれませんが、その場合は c は −1 です。手がかりは足し算しかないので、どの数が正の数でどの数が負の数なのかを見分けられる方法は絶対にありません。i と j が同じ符号なのはわかりますが、どっちの符号なのかはわかりません！

どちらの符号なのかを見分けられない理由は、整数の足し算が**対称的**だからです。数の符号を変えることは可能ですが、足し算でできることからだけでは、変化は目に見えません。

私の文字による表現を使うと、a + c = b という方程式が書け、a = 5、b = 4、c = −1 がわかっているとすると、$5 + (-1) = 4$ となります。これは表現の符号をすべて反転しても成立していて、$-5 + 1 = -4$ となります。実際、足し算だけを使っているどんな方程式も、符号を反転したときとの違いはわかりません。暗号足し算パズルを調べたときも、どの数が正の数でどの数が負の数かを見分けるためにできることはありませんでした。

これは対称性の意味を示す単純な例です。対称性とは**変換に対する不変性**のことなのです。何かが対称的であるなら、なんらかの操作や変換が適用できて、操作した後では変換が適用されたのかどうか区別がつきません。

群論（group theory）と呼ばれているものは、1 種類の演算を備えた値の集合という基本的な考え方に支えられています。群論で問題にするのが対称性であり、それは群の言葉であらゆる種類の対称性を記述できるという事実に基づいています。

群はまさにさっきの例で私たちが見ていたものです。群は、閉じた演算を持つ値の集合です。形式的に言うと、群とは $(S, +)$ という組です。ここで S は値の集合、$+$ は 2 項演算で次の特性を持つものです。

- **閉じている**
  どんな 2 つの値 $a, b \in S$ についても、$a + b \in S$ が成り立ちます。
- **結合性**
  どんな 3 つの値 $a, b, c \in S$ についても、$a + (b + c) = (a + b) + c$ が成り立ちます。
- **単位元**
  値 $0 \in S$ があり、どんな値 $s \in S$ についても、$0 + s = s + 0 = s$ が成り立ちます。
- **逆元**
  S のすべての値 a について、$a + b = b + a = 0$ となる S の値 b があります。b は a の**逆元（inverse element）**と呼ばれます。

演算がこれらの規則を満たしていると、群になります。何か群になるものがあると、その群の操作に関連している変換で、群の構造からは変化が見抜けないものがあります。その変換が厳密に何なのかは、その群とに関連している特定の値と操作に依存します。群について話しているときは、便利なので、群の演算をプラス記号を使って書くことが多くあります。しかし必ずしも足し算とは限りません。群の演算は、さっき挙げた制約を満たすものであればなんでもいいのです。別の演算によって群を構成する例を、少し見ていきましょう。

群の対称性について語るとき、群の操作が生む影響は**群の範囲では**認識できないと言いました。「群の範囲では」という部分が重要なのです。群の操作以外の方法で操作した場合には変化に気づけます。例えば、足し算暗号パズルでは、掛け算ができたとすれば c と h を見分けられます。c 掛ける b は e で、c 掛ける e は b なので、これから c は -1 に違いないとわかります。掛け算はこの群の構成要素ではないので、これを使うともはや対称性は失われてしまいます。

鏡面対称性という直感的な概念に戻って考えてみましょう。整数の足し算の群は鏡を数学的に記述したものなのです！ 鏡面対称性が意味していることは、像の上に線を引き、左側にあるものと右側にあるものをひっくり返したときに、鏡面対称な像は元の像と見分けがつかないということです。これこそが、数と足し算で構成された群を使ってとらえた概念です。足し算を演算とした数の群の構造は、鏡面対称性の基本的な概念をうまく表現しています。群の構造には中央の境界線（0）が定義されていて、その境界線の反対側にある対象どうしをひっくり返しても、影響が認識できない様子が表されています。1 個だけある落とし穴は、像ではなく整数について議論していることだけです。後で、対称性が群によってどのように定義されるかを見ていき、それを別の種類のものに応用します。例えば、整数の足し算による鏡面対称性を絵に対して応用します。

20.2 いろいろな種類の対称性

鏡以外にも多くの種類の対称性があります。例えば、図 20.1 には正六角形にある複数の対称性が図示されています。正六角形には 2 種類の異なる鏡面対称性があります。さらに鏡面対称性に限らなければ、正六角形には**回転**対称性もあります。正六角形を 60 度回転させても、回転させる前の正六角形と見分けがつきません。

目に見える影響を生まない変換がある限り、あらゆる種類の変換が群で記述できます。例えば、次のものはすべて群で記述できる対称変換です。

- **拡大縮小**
  拡大や縮小の対称性は、何も変えずに大きさを変えられることを意味します。これを理解するには、辺の数、辺に挟まれた角、辺との相対的な大きさといった、

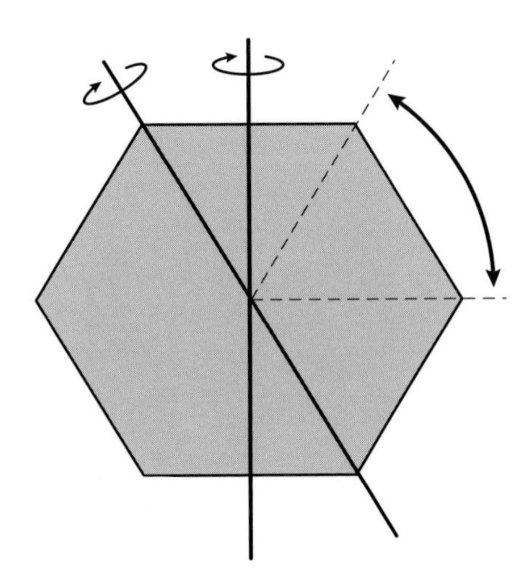

▶図 20.1 複数の対称性 — 正六角形： 正六角形には複数の対称性、2 種類の鏡面対称性と回転対称性が 1 つあります。

形の基本的な特定に関心を持つ幾何学という分野のことを考えてみてください。なんらかの絶対的な基準に基づいて大きさを測る方法がない場合には、3 インチの長さの辺を持つ正三角形と 1 インチの長さの辺を持つ正三角形は見分けがつきません。物の大きさを変えても、違いは見つけられません。

- **平行移動**

  平行移動対称性は、変化に気づかれずに対象を移動できることを意味します。無限のキャンバスに描かれた方眼紙のような格子があって、線と線の間隔だけ移動したとすると、何が変わったかを見分ける方法はありません。

- **回転**

  回転対称性は、変化に気づかれずに何かを回転できることを意味します。例えば、表面に何も印の付いていない正六角形を 60 度させると、回転したかどうかを見分けられません。

- **ローレンツ対称性**

  物理学では、加速していない宇宙船の中に研究室があったとして、その研究室の中で行われた実験の結果は、宇宙船の速度の影響を受けません。宇宙船が地球から時速 1 マイルで離れながら行った実験の結果は宇宙船が時速 1000 マイルで離れていたときと厳密に同じになるでしょう。

いろいろな演算と組み合わせて群を構成することで、値からなる 1 つの集合に 1

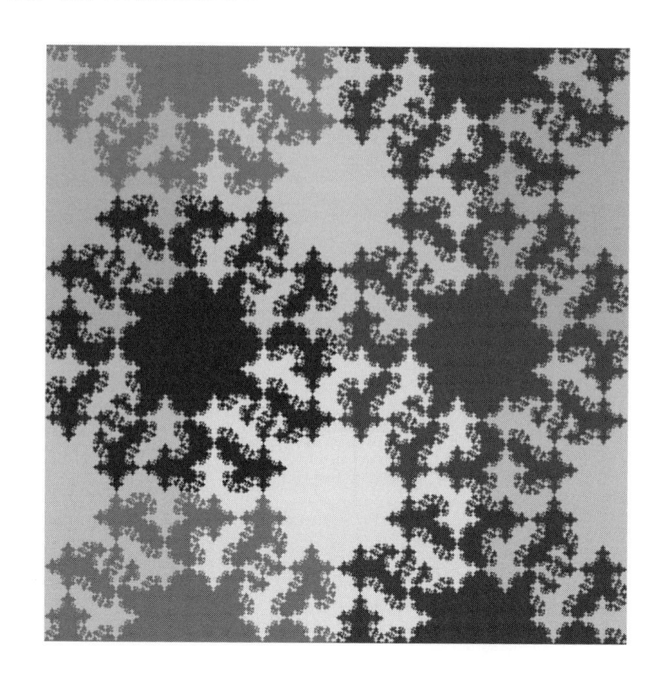

▶ 図 20.2 複数の対称性 ― タイル張りのパターン： このタイル張りのパターンには、鏡面対称性、回転対称性、平行移動対称性、色変更の対称性、という多くの対称性があります。

種類以上の対称性を持たせられます。例えば図 20.2 では、少なくとも 4 つの基本的な対称性が見られます。鏡面対称性、回転対称性、平行移動対称性、色変更の対称性です。

対称性とは**何なのか**を、群を使って数学的に説明し始めました。ここまで見てきた方法には 1 つ大きな問題があります。代数的に操作できるものに限られてしまっているのです。私たちは鏡面対称性を数と足し算を使って定義しましたが、鏡面対称性を考えるときには、数について考えているわけではありません！ 図とそれの鏡像、対称的なものが**どう見えるか**について考えているのです。どうすれば群の対称性という基本的なアイディアを、現実の対象について意味のある議論ができるように拡張できるでしょうか？

私たちができることは**群作用（group action）**と呼ばれるものを導入することです。群作用を使うと、群の対称性をほかのものに適用できるようになります。群作用と群を使って対称性を記述する一般的な方法を理解するには、**置換群（permutation group）**と呼ばれるものを見ていくのが一番簡単な取り組み方です。

置換群とそれがどのように群作用を引き起こすかの形式的な数学の話に入る前

に、ちょっと歴史の話に寄り道をして、群論がどこで生まれたのかを見ていきましょう。

20.3 歴史に立ち入る

群論が発明される前、対称性の概念は、現在では置換群と呼んでいるもので数学的にとらえられていました。そもそも群論が作られた理由は置換群の研究だったのです！

群論は代数的な方程式の研究の一部として発展しました。19 世紀の間、数学者は多項式の根を計算する方法を見つけることに熱中していました。根の計算が、観客のいるスポーツになったほどです。人々は講堂に集まり、多項式の解を誰が最初に計算できるかを競う、代数の達人たちの競技を観戦していました！ この方程式解答競技の参加者にとっての聖杯といえるのは、多項式の解を与える単純な方程式でした。

彼らが求めていたのは、2 次方程式の解の公式のようなものです。しかし、もっと次数の大きな多項式が対象でした。高校で数学を教わった人なら誰でも 2 次方程式を見たことがあるでしょう。単純な 2 次多項式は、それをゼロと置いたときの根をすべて見つける方法が正確にわかっています。$ax^2 + bx + c = 0$ という方程式なら、解は

$$x = \frac{-b \pm \sqrt{b^2 - 4ac}}{2a}$$

となります。

a、b、c に具体的な値を当てはめて、算術計算をするだけで、方程式の根が得られるのです！ 根を求める方法を知るのに、特別な技術も、多項式の巧みな操作も、因数分解も、式の変換もいりません。慣れてしまっていると、そんな大それたことに感じられませんが、単純な機械的な手順で多項式の解をさっと取り出せるのは驚くべきことです！

2 次方程式の解はとても古くから知られていました。2 次方程式が記されている記録はバビロニアの時代までさかのぼります。2 次方程式の根を導き出すのは、何もないところからでも、高校の数学の授業で扱えるくらいには簡単です。2 次方程式がこれだけ簡単なので、さらに次数の高い多項式に対して同じことをするのもそれほど難しくないと考えるかもしれません。しかし、それは**非常に**難しいのです。2 次方程式は紀元前何百年という古い時代から知られていますが、3 次と 4 次の方程式の解が発見されたのは 1500 年代の中ごろのことです。1549 年に 4 次の解が

見つかってからは、何百年も方程式の根の発見において進捗はありませんでした。

ついに、19 世紀に入り、ニールス・ヘンリック・アーベル（Niels Henrik Abel、1802-1829）とエヴァリスト・ガロア（Évariste Galois、1811-1832）という、共に非常に若く非常に不運な 2 人の数学者が、ほぼ同時に 5 次方程式に一般的な解がないことを証明しました。ガロアは、多項式の解にある基本的な対称性に気づくことで、この結論を得ました。対称性の特性がどんなものかを特定することで、すべての 5 次方程式を解く単純な方程式を導き出せないことを示したのです。彼は、方程式の置換群の特性から、一般的な解を得る方法がないことを示しました。

アーベルとガロアは、どちらも若くして悲劇的な死を遂げました。

ノルウェーの若い学生のときに、アーベルは 5 次多項式の解だと信じたものを導き出しました。彼はさらに追及を続け、その解の間違いを発見し、それを多項式の対称的な特性の記述にまで深め、それによって 4 より大きい次数の多項式に解の公式が存在しないことを示しました。パリ科学アカデミーで業績を発表するためにパリへ移動している途中、彼は結核に罹ってしまい、後にこの病気が原因で亡くなることになります。結婚式を挙げるために家へ向かう帰路で結核のために弱っていき、肺炎を起こして最後には亡くなってしまったのです。アーベルが家で死にそうな状態でいるとき、ついにベルリンの大学から数学教授の職の任命を受けましたが、彼はそのことをまったく知らず、彼の仕事にふさわしい評価を生前に受けることもありませんでした。

ガロアの生涯はさらに悲劇的です。ガロアは数学の神童でした。彼は弱冠 16 歳で連分数をテーマとした彼自身の数学的業績を発表しました！ そのたった 1 年後に、17 歳という若さで多項式の対称的特性についての最初の論文を提出しました。次の 3 年間で、彼は後に群論となる分野の基礎全体を定義する 3 本の論文を書きました。そのわずか 1 年後、彼は決闘で亡くなります。はっきりした状況は明らかになっていませんが、亡くなる数日前に彼が送った手紙を読むと、19 世紀の最も偉大な数学的知性は、痴情のもつれが原因の決闘により 21 歳で亡くなったようです。

20.4 対称性のルーツ

ガロアとアーベルは独立に対称性の基本的な概念を発見しました。二人とも多項式の代数の問題へ行き着きましたが、両者が気づいたのは、多項式の解の根底にあるのが対称性の基礎的な問題だということでした。彼らは**置換群**という言葉によって対称性を理解しました。

置換群は、対称性の構造として最も基礎的なものです。これから見るように、置換群は対称性の群の原盤だといえます。つまり、あらゆる種類の対称性は、置換群の構造へとエンコードされます。

形式的には、置換群は単純な概念です。可能なすべての置換、つまり、集合の要素を並べ替えるすべての可能な方法を表現する構造が置換群です。対象の集合 O が与えられたとして、置換というのは、O から自分自身への 1 対 1 対応のことです。これで集合の要素を並べ替える方法が定義されます。数の集合 $\{1,2,3\}$ が与えられたとして、その置換には例えば $\{1 \to 2, 2 \to 3, 3 \to 1\}$ があります。**置換群**というのは、集合上の置換の集まりで、置換の合成を群の演算とします。

例えば、集合 $\{1,2,3\}$ で一番大きな置換群の要素は、$\{\{1 \to 1, 2 \to 2, 3 \to 3\}, \{1 \to 1, 2 \to 3, 3 \to 2\}, \{1 \to 2, 2 \to 1, 3 \to 3\}, \{1 \to 2, 2 \to 3, 3 \to 1\}, \{1 \to 3, 2 \to 1, 3 \to 2\}, \{1 \to 3, 2 \to 2, 3 \to 1\}\}$ です。

群の演算を調べるために、集合から 2 つの値を取りましょう。それらを $f = \{1 \to 2, 2 \to 3, 3 \to 1\}$ および $g = \{1 \to 3, 2 \to 2, 3 \to 1\}$ とします。群の演算である関数合成は、$f * g = \{1 \to 2, 2 \to 1, 3 \to 3\}$ という結果になります[†1]。

群になるためには、演算は単位元を持つ必要があります。置換群では、単位元は明らかです。それは何もしない置換 $1_O = \{1 \to 1, 2 \to 2, 3 \to 3\}$ です。同様に、群の演算には逆元が必要で、それを得る方法は明白です。$\{1 \to 3, 2 \to 1, 3 \to 2\}^{-1} = \{3 \to 1, 1 \to 2, 2 \to 3\}$ のように、ただ矢印の方向を逆にすればいいのです。

N 個の値に対する置換の集合を取ると、それらの値に対する一番大きな置換群が得られます。置換される値が何かは関係ありません。N 個の値の集まりに対する置換群は、実質的にはすべて同じです。この標準的な群は、大きさ N の**対称群**S_N と呼ばれます。対称群は基本的な数学的対象です。すべての有限群は有限な対称群の部分群で、それはひいては、存在しえるすべての群が取りえるすべての対称性は、対応する対称群の構造に埋め込まれている、ということを意味します。想像できるすべての種類の対称性、そして想像**できない**すべての種類の対称性は、すべて対称群と結び付いています。対称群が教えてくれることは、すべての対称群が実は内部的には**同じもの**の異なる表現だということです。群の演算を使って値の集合にある種の対称性を定義できたなら、対称群が示す根源的な関連性により、その対称性を**どんな**群にも適用できます（対称群の根源的な構造を保つように対応付ける必要はあります）。

対称性がどのように働くかを知るには、部分群を定義する必要があります。群 $(G, +)$ があったとき、その**部分群（subgroup）**とは、群 $(H, +)$ であって、H が G の部分集合であるものです。日本語で言うと、元の群と同じ演算を使い、群に求め

[†1] ［訳注］ここでは置換は右から集合に作用しています。そのため $f = \{1 \to 2, 2 \to 3, 3 \to 1\}$ が集合 $S = \{1, 2, 3\}$ に作用すると $S^f = \{2, 3, 1\}$ になります。集合としては変わっていませんが、置換によって要素の並び順が変わっています。置換 f と g の合成は $S^{(f*g)} = (S^f)^g$ という作用を持つ置換として定義されます。置換 $f * g$ は $S^{(f*g)} = (S^f)^g = \{2, 3, 1\}^g = \{2, 1, 3\}$ と作用するので、$f * g = \{1 \to 2, 2 \to 1, 3 \to 3\}$ という置換になることがわかります。

られる特性を満たす群の値の部分集合が、部分群です。

例えば、実数の集合に群の演算として足し算を組み合わせたものから作られた群があったとすると、整数の集合はその部分群の 1 つです。整数と足し算の組み合わせは必要な特性を備えているため、群であることが証明できます。必要な特性には、2 つの整数を足すと必ず結果は整数になること、つまり整数が足し算について閉じているということ、ある整数の逆元を計算すると整数になること、などなどがあります。群に要求される他の 2 つの特性についても同じように示せるので、群となるための特性すべてを満たします。

これでようやく、群の一般的な対称性に到達する準備ができました。前に言ったように、群は変換に対する不変性として特定の種類の対称性を定義します。特定の値の集まりに対してその不変性を厳密に定義し、群の演算を見つけ、それらすべてがうまく働くことを示すのは一苦労です。対称性を持つと思った値の集合すべてに対して、群と群の演算を定義するのは避けたいところです。私たちがやりたいのは、ある種の対称性を実際に表している一番単純な群を使ってその対称性の基礎的な概念をとらえ、この種類の対称性をその群の定義として使えるようにすることです。それには、群で定義された対称性をある値の集合に適用するということの意味を記述できる必要があります。

集合の変換で、群 G により定義された対称変換を適用して生み出されるようなものを、群 G による**群作用（group action）**と呼びます。

群 G を、集合 A 上の対称変換として適用したいとします。私たちができることは、集合 A に対し、対称群 S_A を定義することです。そうすると、G から S_A への**準同型（homomorphism）**と呼ばれる、ある特別な種類の厳密な対応付けが定義できます。この準同型は、集合 A 上の G の**群作用**です。以下で群作用を定義しますが、その制約で言っているのは、作用は対称群の構造を保存する、ということです。形式的に言うとこうになります。

$(G, +)$ が群で A が集合ならば、A 上の G の**群作用**は、関数 f で

1. $\forall g \in G : \forall a \in A : f(g + h, a) = f(g, f(h, a))$
2. $\forall a \in A : f(1_G, a) = a$

となるものです。

要約すると、対称性を定義する群とその対称変換を適用する集合があれば、群の要素と集合の要素の組から集合の要素への対応付けがあり、その対応付けによって対称群の演算が行える、ということです。群作用は、この対応付けを通して、群の演算を集合に適用することなのです。

群作用がどのように働くかを画像で見てみましょう。図 20.3 に鏡面対象の図を

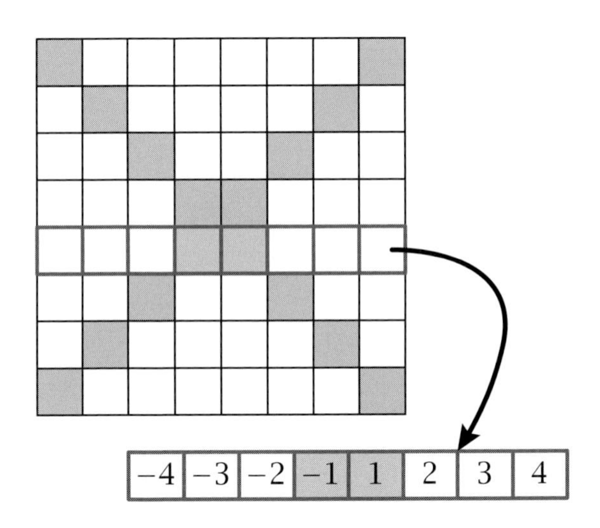

▶ 図 20.3 群から集合への対応付け： 整数の対称性と単純なビットマップ画像の鏡面対称性との関係を、基礎となる群作用との対応付けを示すことで表したもの。

示しています。鏡面対称性は、足し算を演算とする整数の群で表現されます。この画像の対称性を群作用で示すには、画像を行に分割します。それぞれの行でブロックを取り出して、ブロックと整数との間に、ある対応付けを割り当てます。その結果は明らかに整数の**部分群**です。

行を列に分割し、それぞれの列を整数に割り付けることで、群作用の言葉で対称性を見ることができます。画像の対称性は、その対応付けにおける整数の対称性そのものです。そのことを図示するため、1 行抜き出して対応付けをブロックの上に書いておきました。

すべての対称的構造の間にある深い関係を利用することで、群作用を使い、ある群の対称性を他の値の群に適用できます。驚きの事実ですが、想像しえるあらゆる種類の対称性は、実はまったく同じことです。鏡から特殊相対性理論に至るまで、すべては同じ、単純で美しいものなのです。

第VI部

機械じかけの数学

私の好きな数学の分野の 1 つは、やはり私の生業に由来します。私は計算機科学者で、ソフトウェアを組み立てることでキャリアを積んできました。特にいくつかの会社では研究者やエンジニアとして働き、プログラミング言語やコンパイラやビルドシステムや開発ツールのような、自分以外の人がソフトウェアを組み立てるのに使うソフトウェアを開発していました。

では、私は数学のどの分野のことを話しているのでしょう？ **それは計算理論です**。計算理論は機械がどういった処理ができるかを研究する数学の一領域です。なんらかの形で現実のコンピュータを実際に組み上げられるよりも遥か昔、数学者たちや論理学者たちが基礎を築き、それが後に計算機科学という分野となりました。彼らは理論上の機械や計算システムや論理学を設計し、そういった理論的な構成物を使って何ができるかを研究しました。計算理論は私たちが使っている機械の理論的なモデルであるだけでなく、私が愛して止まないプログラミング言語の基礎を形作りました。

この部では、彼らによって設計された機械に関する偉業について眺め、機械に何ができるかを理解するためにその成果がどう使えるか、機械に限らず私たちが生きている世界にある情報についてその成果が何を語ってくれるのかを見ていきます。

まずはさまざまな種類の計算装置をざっと見て回るところから始めます。まずは単純すぎて重要には思えないあるものから見ていきましょう。しかし、それを私や世界中の他の多くのプログラマが毎日使っています。その次にチューリング機械へ移ります。チューリング機械は基礎的な理論上の機械の 1 つで、計算の限界を研究するのに使われています。そしてちょっとしたお楽しみとして、P"（「ピープライム

プライム」と発音します）機械と呼ばれるものの変種をちらっとのぞきます。P” は今まで設計された中で最もへんてこで愉快なプログラミング言語の 1 つとなるように実装されました。

最後にλ計算を眺めてこの概説を終わりにします。λ計算はもう 1 つの基礎的な理論モデルです。λ計算はあまり実践的なものではないので、これまでに出てきた機械よりも少々理解するのが難しいですが、実際には広く使われています。私は毎日使っています！ 私の仕事では Scala と呼ばれるプログラミング言語を使っていますが、Scala というのは単にλ計算を使うための複雑な構文なのです。

第21章 有限状態機械：単純だけどすごい奴

計算について説明しようとするとき、数学者や計算機科学者は非常に単純な機械から始め、徐々に能力を追加していきます。構築できる最も複雑な機械になるまで、さまざまな制限を持つ、いろいろな種類の機械を作成していくのです。

この本では計算装置として可能なものをすべて分類するようなことはしません。それだけで、この本よりも分厚い本になってしまうでしょう！ その代わりに、正反対の両極端な制限を持つ 2 種類の機械を紹介します。すなわち、最も制限された単純な機械と、最も強力で複雑な機械です。

手始めに、何かしら有用なことをする計算機械のうち、最も単純な種類のものを見ることにします。このタイプの機械は、**有限状態機械**（finite state machine、略して FSM）と呼ばれます。より形式的に書くときは、**有限状態オートマトン**（finite state automaton）とも呼ばれます。有限状態機械の計算能力は、文字列の単純なパターンを読み取ることに制限されます。有限状態機械は、いったん理解してしまうと、なんの役に立つのか想像できないくらい取るに足りません。しかしこれから見るように、あなたが使ったことのあるすべての計算機は実は有限状態機械であり、ただ非常に複雑なだけなのです。

21.1 最も単純な機械

有限状態機械にできることは非常に制限されています。数を数えることも、深く入れ子になったパターンを読み取ることもできません。計算という観点では、本当にわずかな力しか持っていないのです。しかしそれでも非常に有用です。どんな現代的なプログラミング言語も有限状態機械を含んでいて、それは正規表現の形で言語に組み込まれていたり、ライブラリとして提供されています。

それでは有限状態機械がどのように動くかを見ていきましょう。有限状態機械が行うことは、本当にただ 1 つだけです。すなわち、文字列を見てそれがあるパターンに適合するかどうかを判断することです。そのために機械が保持する不可分な値が、有限状態機械の名前にある**状態(state)**です。有限状態機械は、計算を実行するとき、入力からきっかり 1 文字を読み込むことになっています。1 つ先をこっそりのぞくことも、どうやって現在の状態になったかを知るために前の文字を見ることも許されません。ただ文字列の上を順番になぞり、それぞれの文字をきっかり 1 つ読んで、最後に「はい」か「いいえ」と答えるだけです。

詳しく見てみましょう。

有限状態機械は、決められた**アルファベット(alphabet)**[†1]で書かれた記号の列を処理します。例えば、ほとんどのプログラミング言語では、ASCII 文字やユニコードのコードポイントに対する正規表現を定義できます。

機械を構成するのは次の部品です。

- **状態**の集合。S と呼ぶことにします。
- S のうち、ある特別な状態 i。これを**初期状態(initial state)**と呼びます。有限状態機械を使って文字列を処理しようとするときは、常にこの状態から開始します。
- S の部分集合 f。機械の**最終状態(final state)**の集まりです。入力文字列にあるすべての文字を処理し終えたときに、機械がこの部分集合のどれか 1 つの状態になったなら、この文字列に対する機械の返答は「はい」です。それ以外の場合、機械は「いいえ」と答えます。
- 機械の**遷移関係(transition relation)**である t。遷移関係は、機械がどう振る舞うかを規定します。機械の状態と入力の記号との組に対して、次の状態を対応付けたものです。$(a, x) \to b$ という遷移関係があるならば、「機械が a という状態にあって、入力の記号として x を読み取ったときには、状態 b

[†1] ［訳注］アルファベットとは、有限状態機械に入力できる文字の集合のことです。

に切り替わる」ということを意味します。

機械は、状態 i で入力文字列を読むところから始めます。入力文字列の各記号を順番に読みながら、記号 1 つにつき遷移を 1 回していきます。入力文字列のすべての記号を読み取り終わったとき、集合 f のどれかの状態になっていたら、機械はその文字列を**受理(accept)**します。

例えば、少なくとも 1 つの a からなる文字列の後ろに、少なくとも 1 つの b が続く文字列を受理する機械を作れます。

- この機械に対するアルファベットは、文字 a と文字 b だけです。
- この機械には 4 つの状態 $\{0, A, B, Err\}$ があります。0 は初期状態で、B が唯一の最終状態です。
- 状態どうしの関係は、有限状態機械 AB についての次の表で示されます。

この状態のときに……	この文字がきたら……	この状態になる
0	a	A
0	b	Err
A	a	A
A	b	B
B	a	Err
B	b	B
Err	a	Err
Err	b	Err

普通、こんな表を書き下したりはしません。機械を図として描けるからです。今の機械を図 21.1 に示します。各状態は楕円で描いてあります。初期状態は矢印で示し、最終状態は外枠を二重にするか太くして表します。遷移はラベルの付いた矢印で描きます。

この機械が入力文字列に対してどんなふうに動くか、手順を追って見ていきましょう。

- **入力文字列を aaabb とします。**
  1. 機械は状態 0 から開始します。
  2. 文字列の最初の文字 a を読み取り、0 から A へ遷移します。
  3. 残りの入力は aabb です。a によって状態 A から状態 A へ遷移します。
  4. 残りの入力は abb で、機械は次の a を処理するところです。直前の手順とまったく同じように動作して、状態 A に留まったままになります。

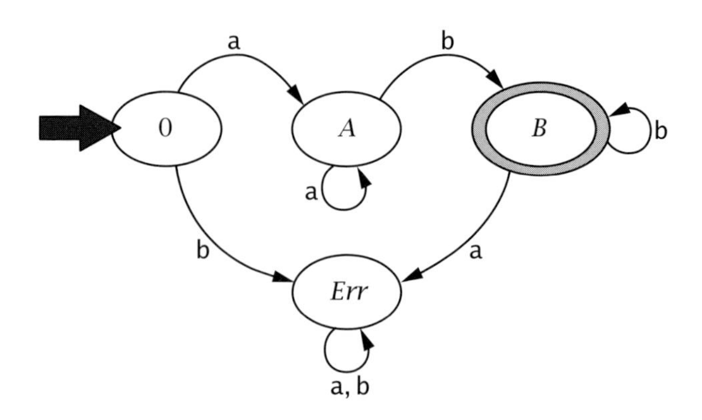

▶ 図 21.1　有限状態機械 AB

5. 残りの入力は bb です。b を読み取り、*A* から *B* へ遷移します。
6. 残りの入力はもう b だけです。最後の b を読み取り、*B* から *B* へ遷移します。
7. 残っている入力はありません。機械の状態は *B* です。これは最終状態なので、機械はこの文字列を受理します。

- **入力を baab とします。**
  1. 機械は状態 0 から開始します。
  2. 先頭の b を読み取り、状態 *Err* へ移動します。
  3. 残りの文字を一度に 1 文字ずつ読み取りますが、この機械の *Err* からの遷移はすべて *Err* へ戻っていきます。ここは袋小路です。すべての文字を読み取ったとき、機械はまだ状態 *Err* のままです。これは最終状態ではないので、機械はこの文字列を受理しません。

- **入力を空文字列とします。**
  1. 機械は状態 0 から開始します。
  2. 入力にはもう文字がないので、機械はこれ以上遷移せず、状態 0 で処理が終了します。状態 0 は最終状態ではないので、機械は空文字列を受理しません。

こうして見ると、本当に取るに足らない機械です。ほとんど何もできなさそうです。それでも、少なくとも理論のうえでは、数が固定で有限個の状態を使って行えるどんな計算でもこの単純な機械で実装できるのです。私が今文字を打ち込んでいる、このコンピュータでできるすべてのことは、有限状態機械を使って実現可能です。膨大な数の状態と気が狂うほど複雑な状態遷移関数になるでしょうが、実現可能なのです。

21.2 有限状態機械が目を覚ます

有限状態機械は偉大ですが、現実のプログラムで有限状態機械のようなものを使うにしても、遷移関係をすべて把握してコードに書き下したくはないでしょう。有限状態機械で処理される言語を実際に使うときは、その遷移関係には何百もの遷移が含まれます。それを正確に書き出すだけでも大変です。幸い、そんなことをする必要はありません。有限状態機械を記述する別の方法があるからです。それが**正規表現**です。プログラマなら正規表現は間違いなくおなじみでしょう。正規表現は現実のプログラムのあちこちで使われています。そしてそれが有限状態機械の使い方なのです。

正規表現は有限状態機械を記述する方法というわけではありません。正規表現は、有限状態機械が受理する言語を書き下すための構文です。正規表現は、何通りもの有限状態機械に翻訳できますが、それでも結局はみんな同じ言語を受理します。これがプログラミング言語における正規表現の使われ方です。プログラマは正規表現を書いて正規表現ライブラリのコンパイラに渡し、正規表現ライブラリは正規表現を有限状態機械に翻訳し、有限状態機械が入力文字列に対して実行されます。

これから最も単純な種類の正規表現を見ていきましょう。ほとんどの正規表現ライブラリには、これから見るものに比べて、記述方法のオプションがたくさんあります。でも大丈夫です。高度な正規表現構文にある追加機能は、すべてこの単純な構文の省略形にすぎません。単純な構文のほうがオプションを考慮する必要がないぶん説明が簡単です。この正規表現の文法は、次のものから構成されます。

- **文字リテラル（literal character）**
  リテラルは、a のような単なるアルファベットの文字です。文字リテラルは、その文字そのものに適合します。
- **連接（concatenation）**
  R と S が正規表現ならば、RS は正規表現です。RS に適合する言語は、R に適合する文字列の後ろに S に適合する文字列をつなげたものになります。
- **選択（alternation）**
  選択は、いくつかの正規表現から 1 つを選ぶことを表現しています。R と S が正規表現ならば、$R|S$ は正規表現で、これに適合するのは R または S に適合するものになります。
- **繰り返し（またの名をクリーネ閉包（Kleene closure））**
  R が正規表現ならば、R^* は正規表現です。R^* に適合するのは、R に適合する文字列を0個以上つなげたものになります。

R^+ という略記もできるものとします。これは RR^* と同じく、R に適合する文字列の1回以上の繰り返しに適合する正規表現を意味します。

選択では丸括弧を使って正規表現をグループ化し、より大きな候補間の選択を記述しやすくすることもできます。

正規表現の例をいくつか示します。

- **(a|b|c|d)***
  文字 a、b、c、d からなる長さが0以上の文字列。abcd、aaaa、ab、dabcbad などに適合します。
- **(a|b)*(c|d)***
  a と b からなる長さが0以上の文字列の後ろに、c と d からなる長さが0以上の文字列をつなげたものです。ababbbacdcdcccc、ab、b、c、cdcdddcc、ddcc のような文字列に適合します。
- **(ab)⁺(c|d)***
  ab という並びが1回以上繰り返された後ろに、0個以上の c と d が続く文字列。これは ababababcccd、abcc、ab などに適合します。
- **$a^+b^*(cd)^*(e|f)$**
  少なくとも1つの a の後ろに、任意個（0個を含む）の b が続き、その後ろに cd の0回以上の繰り返しが続き、そのさらに後ろに1つの e か1つの f が続く文字列に適合します。

有限状態機械と正規表現を見て、実際にどう動くのかを考えると、当たり前すぎてなんの役にも立たないように思えるでしょう。しかしまったくそんなことはありません。プログラミング言語の設計者が、最初に新しい言語に追加するものの1つは、プログラマが正規表現を使えるようにするライブラリです。それは、正規表現ライブラリがない言語は誰も使わないだろうと思うからです。

正規表現のおかげでプログラマは楽ができます。現実のコードでは、あるパターンで文字列を分解する必要がしょっちゅうあります。その作業は正規表現を使うと本当に楽になります。例えば、私は以前、多くの要素からなる複雑なソフトウェアシステムの構築方法を記述するプログラムに取り組んでいたことがあります。そのシステムには「target」と呼ばれる仕組みがありました。target はシステムの要素を指定する文字列で、「`code/editor/buffer/BUILD:interface`」という具合に、ディレクトリ名の後ろにビルドの命令が書かれているファイルの名前と、そのファイル内のある特定の命令を並べたものでした。毎回、target を受け取って、それをディレクトリのパス、ファイル名、target名という3つの部分に分割する必要がありました。そこで私は「(.*)+/([A-Za-z]+):([A-Za-z]+)」という正規表現を組み立てました。「.*」に適合する部分はディレクトリパスです。2つめの丸括弧の中の部分はファイル名で、最後の丸括弧の中の部分はtarget名です。これが典型的な正規表現の使い方です。正規表現がないほうがいいというプログラマはいません。

21.3 正規表現から有限状態機械への橋渡し

前に説明したように、プログラミング言語に実装される正規表現ライブラリの動作は、正規表現を有限状態機械に変換してから、生成された有限状態機械を使って入力文字列を処理する、というものです。

正規表現を有限状態機械へと翻訳するのは興味深い話です。正規表現から有限状態機械への変換にはいくつかの方法があります。1対1の翻訳ではありません。どの方法を選ぶかによって、同じ正規表現からさまざまな有限状態機械が得られます(実を言うと、それぞれの正規表現に対して理論的には無限個の有限状態機械が存在します！)。幸い、ある正規表現から生成できる多様な有限状態機械は、どれも厳密に同じ言語を処理し、その処理にかかる時間も厳密に同じなので、違いを気にする必要はありません。ここでは**ブルゾゾウスキの微分(Brzozowski derivative)**、もしくは単に正規表現の**微分(derivative)**と呼ばれる、私が最も理解しやすいと思う方法を使うことにします。

この方法の背景にあるのは、正規表現を見て「この正規表現に1文字読ませたら後続では何が受理されるか？」を尋ねることが可能である、という考え方です。

形式的に用語を定義しましょう。$S(r)$ を、正規表現 r が受理する文字列の集合とします。正規表現 r と文字 c に対し、c に関する r の微分（$D_c(r)$ と書きます）とは、$t \in S(r')$ と $ct \in S(r)$ が同値になるような正規表現 r' のことです。

例えば、ab* という正規表現があったとして、a についての微分は b* になります。

正規表現の微分の計算方法がわかれば、正規表現から有限状態機械への変換は次のようにして実行できます[†2]。

1. 元の正規表現 r をラベルとする初期状態を作成する。
2. 1や2-(c)で作られ、まだ処理されていない状態 r_i が機械にある限り、次の

[†2] ［訳注］この変換処理が有限回で終わることを示すには、「選択が冪等性を持ち、可換律、結合律を満たすこと」を使い、等しい正規表現を同一視する必要があります。

処理を行う。

(a) アルファベットのそれぞれの文字 c について、微分 r_i' を計算する。

(b) 状態 r_i' がすでに機械にあれば、c をラベルとする r_i から r_i' への遷移を追加する。

(c) 状態 r_i' がまだ機械になければ、それを追加し、c をラベルとする r_i から r_i' への遷移を追加する。

3. 正規表現 r をラベルとする、機械のそれぞれの状態について、r が空文字列に適合できるとき、かつそのときに限りその状態に最終状態の印を付ける。

微分の計算は、難しいわけではないのですが、網羅すべき場合分けの数が多いため複雑です。この処理を理解する一番簡単な方法は、実装を見ることだと思います。微分を計算する Haskell のコードを見ながら実装を追っていきましょう。

最初に、正規表現をどう表現するかを宣言する必要があります。そのための Haskell のコードは、実に単刀直入です。先ほどの解説とまったく同じ要領で、特定の文字、複数の正規表現からの選択、正規表現の列、繰り返しの正規表現を定義できます。Haskell で微分を実装しやすいように、さらに選択肢を 2 つ追加します。何にも適合しない正規表現 `void` を表す `VoidRE` と、空文字列だけに適合する `empty` を表す `EmptyRE` です。

```
data Regexp = CharRE Char
            | ChoiceRE Regexp Regexp
            | SeqRE Regexp Regexp
            | StarRE Regexp
            | VoidRE
            | EmptyRE
           deriving (Eq, Show)
```

正規表現の微分を計算するには、与えられた正規表現が空文字列を受理できるかどうかを判定できる必要があります。慣習に従って、そのための関数を `delta` と呼びましょう。

```
  delta :: Regexp -> Bool
① delta (CharRE c) = False
② delta (ChoiceRE re_one re_two) =
     (delta re_one) || (delta re_two)
③ delta (SeqRE re_one re_two) =
     (delta re_one) && (delta re_two)
④ delta (StarRE r) = True
⑤ delta VoidRE = False
⑥ delta EmptyRE = True
```

①.　ある特定の文字だけに適合する正規表現は、空文字列には適合できません。

②.　2 つの正規表現の選択が空文字列に適合できるのは、その選択肢のどちらか

（もしくは両方）が空文字列に適合できるときです。

③. 1つめの正規表現の後ろに2つめの正規表現が続くものが空文字列に適合できるのは、**両方の**正規表現が空文字列に適合できるときのみです。

④. 星付きの正規表現は、あるパターンの0回以上の繰り返しに適合します。0回の繰り返しは空文字列なので、任意の星付きの正規表現は空文字列に適合できます。

⑤. 正規表現 void は何にも適合しないので、空文字列にも適合できません。

⑥. 正規表現 empty は、空文字列に適合すると定義します。

delta ができたところで、微分の動作を確かめてみましょう！

```
  derivative :: Regexp -> Char -> Regexp
① derivative (CharRE c) d =
    if c == d
      then EmptyRE
      else VoidRE
② derivative (SeqRE re_one re_two) c =
    let re_one' = (derivative re_one c)
    in case re_one' of
      VoidRE -> if (delta re_one)
                  then (derivative re_two c)
                  else VoidRE
      EmptyRE -> if (delta re_one)
                   then (ChoiceRE re_two
                                  (derivative re_two c))
                   else re_two
      _ -> if (delta re_one)
             then (ChoiceRE (SeqRE re_one' re_two)
                            (derivative re_two c))
             else (SeqRE re_one' re_two)
③ derivative (ChoiceRE re_one re_two) c =
    let re_one' = (derivative re_one c)
        re_two' = (derivative re_two c)
    in case (re_one', re_two') of
      (VoidRE, VoidRE) -> VoidRE
      (VoidRE, nonvoid) -> nonvoid
      (nonvoid, VoidRE) -> nonvoid
      _ -> (ChoiceRE re_one' re_two')
④ derivative (StarRE r) c =
    let r' = derivative r c
    in case r' of
       EmptyRE -> (StarRE r)
       VoidRE -> VoidRE
       _ -> (SeqRE r' (StarRE r))
⑤ derivative VoidRE c = VoidRE
  derivative EmptyRE c = VoidRE
```

①. 1文字からなるパターン CharRE c の d に関する微分は、c = d の場合には正規表現が文字に適合するので empty になります。そうでない場合、適合に失敗するので、失敗を表現する値 void になります。

②. 正規表現の列に対する微分は、微妙な場合分けが必要なため、最も理解しづらいところです。列の1つめの正規表現の微分を求めるところから始めます。これが void だった場合、1つめの正規表現が空文字列を受理できるときは2つめの正規表現の微分が全体の微分になり、そうでないときは何にも適合するはずがないので、正規表現の列に対しても何にも適合できず、全体の微分も void になります。列の1つめの正規表現の微分が empty の場合、1つめの正規表現に必ず適合しますが、さらに1つめの正規表現が空文字列を受理できるときは2つめの正規表現と2つめの正規表現の微分の選択が全体の微分になり、そうでないときには単純に2つめの正規表現が全体の微分になります。列の1つめの正規表現の微分が empty でも void でもなかった場合には、微妙な選択肢が2つあります。理解しやすいのは、1つめの正規表現の微分に2つめの正規表現が続いたものが列の微分になる場合です。しかし、1つめの正規表現が空文字列に適合しうる場合には、それも考慮する必要があります。

③. この場合は簡単です。複数の正規表現からの選択に対する微分は、選択肢をそれぞれ微分したものからの選択です。

④. 星付きの正規表現は、空文字列か、星が付けられている正規表現1つぶんと星付きの正規表現からなる列のいずれかです。日本語だと難しいですが、正規表現で書けば $R^* =$ empty$|(R(R^*))$ ということなので、empty の場合は微分すると void、$R(R^*)$ の場合で R の微分が empty になるときは全体の微分は R^*、R の微分が empty にならないときは R の微分と R^* の列になります。

⑤. void も empty も文字には適合できないので、どんな文字についての微分も必ず void になります。

さぁ、この処理の例を見てみましょう。図21.1の機械と同じ言語を記述する正規表現 aa*bb* から始めます。

1. 機械の初期状態では、正規表現全体をラベルにします。
2. 初期状態から、a に関する微分と b に関する微分をとる必要があります
   (a) a に関する微分は a*bb* となります。そこで、この正規表現に対応するラベルを持った状態を追加し、初期状態とこの状態との間を a というラベルが付いた弧でつなぎます。
   (b) b に関する微分は、この正規表現では b で始まる文字列が許されていないので、void になります。そこで、void という状態と、初期状態とこの void との間を結ぶ b というラベルが付いた弧を機械に追加します。

3. 次はいよいよ状態 a*bb* を調べる必要があります。
   (a) この正規表現の a に関する微分は、この正規表現自身です。この状態はすでに機械にあるので、新しく状態を追加する必要はありません。その状態から自分自身へ向かう a というラベルが付いた弧を追加するだけです。
   (b) この正規表現を b について微分したものは b* なので、新しい状態と、今の状態と新しい状態とを結ぶ b というラベルが付いた弧を追加します。
4. 状態 b* へ進みます。この状態については、a というラベルが付いた void への弧と、b というラベルが付いた自分自身へ向かう弧を追加します。
5. 最後に、最終状態になる状態を見つける必要があります。それには各状態の delta を計算しなければなりません。
   (a) delta(aa*bb*) は偽なので、状態 aa*bb* は最終状態ではありません。
   (b) delta(a*bb*) は偽なので、最終状態ではありません。
   (c) delta(b*) は真なので、最終状態です。
   (d) delta(void) は偽なので、最終状態ではありません。

状態の名前が異なることを除いて、結果は元の絵で描いた機械と同一の機械になります。

正規表現の微分が計算できてしまえば、有限状態機械を生成するのは簡単で、生成した有限状態機械は文字列を効率的に処理します。実際これは、有限状態機械全体を前もって生成する必要のない、軽量な正規表現マッチャーの実装にも使えます！ 入力された各シンボルについて、正規表現の微分を取るだけでいいのです。その微分が void でなければ、その微分を残りの文字列の処理に使いながら、次の文字へと進んでいきます。入力の末尾まで到達したとき、正規表現の最後の微分の delta が空文字列だったら、その文字列を受理します。

微分関数のメモ化により微分を毎回再計算しなくていいようにするといった賢い処理をすれば、正規表現を処理するかなり効率的な手法に仕上がります（メモ化とは、関数のすべての実行結果を保存しておき、繰り返し同じ入力で呼び出す場合には再度計算せずに前回の呼び出し結果をそのまま返すようにする技法です）。

これが、計算機械としては最も単純な部類の 1 つである有限状態機械です。実際に役に立つような機械であり、機械の動作を示す例としても純粋に面白いものです。

私たちは毎日使っているコンピュータのことを、大雑把に、有限状態機械よりも強力だと言います。しかし現実には、それは正しくありません。有限状態機械よりも強力になるためには、機械は無限の（少なくとも無制限の）量の記憶装置を持つ必要がありますが、私たちが使っているコンピュータの記憶容量は明らかに有限です。ささいな点に思えますが、これがコンピュータの現実なのです。すべてのコンピュータは有限な量の記憶装置しか持っていないので、コンピュータは実際にはすべて有限状態機械なのです。有限状態機械としては、かなり**巨大**なものです。ハードディスクを考慮しなくても、この本を書くのに使っているコンピュータには約 $2^{32,000,000,000}$ 個の状態があります！ コンピュータは、有している記憶装置の量がこんなに多いので、異常に複雑な有限状態機械になっています。宇宙にある粒子の数よりも多くの状態（！）を取りえる有限状態機械の動作を把握することはできないとわかっているので、通常はコンピュータのことを、理解できないほど大きな有限状態機械だとは考えません。その代わりに、小さな理解可能な状態機械と無制限の量の記憶装置を兼ね備えた、(次の章で見るチューリング機械のような）より強力な種類の計算機械の、制限された実例だと考えます。

第22章

チューリング機械

数学の歴史上、最も偉大な有名人にアラン・チューリング（Alan Turing、1912-1954）がいます。チューリングは実にさまざまな分野で仕事をした驚くべき人物で、特に数理論理学で活躍しました。計算理論での彼の最も有名な仕事の心髄は、機械的な計算のモデルとして彼が設計した理論上の機械で、彼に敬意を表して**チューリング機械**と呼ばれています。

チューリング機械は現実世界の計算機のモデルではありません。私がこの本を書くのに使っているコンピュータは、実際にはチューリング機械とはまったく関係ありません。チューリング機械は、現実の装置としてはひどいものです。しかしそれは、そもそもチューリング機械を現実の機械にするつもりがなかったからです！

チューリング機械は、計算機のモデルではなく、**計算**の数学的モデルです。これは大きな違いです。チューリング機械は、計算装置を理解するのが簡単なモデルです。しかし、決して最も単純なモデルではありません。もっと単純な計算装置（例えばルール 111 と呼ばれるセルオートマトンはめちゃくちゃ単純です）はありますが、その単純さゆえに、理解するのは難しくなってしまいます。チューリング機械は単純さと理解しやすさのバランスが絶妙で、少なくとも私にとっては、ほかに匹敵するモデルがありません。

どうしてチューリング機械がそんなに重要かというと、計算について考えるときに使う計算機は突き詰めればなんでもいいからです。まず、機械装置ができることには限界はあります。世の中にはたくさんの機械がありますが、その限界を乗り越えられる機械はありません。そしてこの限界まで到達できる機械は、計算について理解するという目的にとっては、どれもまったく同じなのです。計算について研究するというとき、そこで語られるのは、機械によってできることの集合です。ある特定の機械によってできることではなく、考えうる**任意の**機械によってできることです。そこで、計算について理解するうえで一番簡単なものを選びます。その点で抜きん出ているのがチューリング機械というわけです。チューリング機械は、その動作が驚くほど理解しやすく、実験のための微調整が簡単で、証明で使いやすいのです。

22.1 テープがあることがとても重要

では、一歩戻って問いましょう、チューリング機械とは何なのでしょうか？

チューリング機械は単なる有限状態機械の拡張です。有限状態機械と同じように、チューリング機械は、状態の有限集合と、入力に基づいた遷移について定義する状態の関係とを保持しています。違うところは細長いテープが入力になっていて、チューリング機械がテープ上の記号を読んだり**書いたり**できることです。

▶図22.1 チューリング機械：チューリング機械はテープの読み書きができる有限状態機械。

チューリング機械の基本的なアイディアは単純です。まず有限状態機械を用意します。ただし有限状態機械のように入力文字列を直接機械に食わせる代わりに、その文字列を細長いテープに書き留めます。テープはセルに分割されていて、それぞれのセルに文字を1つ書きます。このテープを使うため、機械にはセルを指し示す**ヘッド**があって、テープに書かれた記号を読んだり書いたりできます。有限状態機械のように、チューリング機械は入力の記号を見て、何をするか判断します。有限状態機械にできることは、状態を変化させ、次の入力文字に進むだけでした。チューリング機械にはテープがあるので、もっと多くのことができます。毎回の処理でチューリング機械は、ヘッドが指し示しているテープのセルを読み込みます。読み込んだセルの内容と現在の状態に基づいて、状態の変更、テープの現在位置にある記号の書き換え、テープヘッドの左または右への移動が可能です。

チューリング機械の組み立てに必要なものはこれで全部です。計算を何かすごいものだと思わせたい人は、チューリング機械について非常に複雑な説明をしますが、実はこれだけです。つまり、チューリング機械はテープ付きの有限状態機械なのです。単純であることが要点だったわけですが、実際、とても単純です。にもかかわらず、機械的な作業であればチューリング機械で実行できるという点が重要なのです。では、これらの部品をどのように組み立てて計算機へと仕立てるかを見ていきましょう。

こんなに簡単な機械でどうやって計算できるかを真に理解するために、この機械の形式的定義とその動作を見ていきます。形式的に説明すると、チューリング機械は以下の部品から構成されます。

- **状態**

  チューリング機械は**状態(state)**の集合を持ちます。機械はいつでも、その状態のうち1つを取ります。ある特定の記号をテープの上に見つけたときの振る舞いは、現在の状態の値に依存します。この状態の集合には、文字**S**を使います。

  状態に対する別の見方は、機械が判断を下すときに使えるデータからなる、大きさが固定の小さい集合だととらえることです。しかしこれから見るチューリング機械では、ある具体的な状態集合を常に使っていきます。(すぐに何を言っているのかわかりますよ。)

  初期状態(initial state)と呼ばれる特別な状態が1つあります。機械が動き始めた直後、テープを読んだり、その他のことをする前には、機械はこの状態にあります。

  機械がいつ動作を完了するのかを判断するために、**停止状態(halting state)**と呼ばれる2つめの特別な状態があります。停止状態に入ったら機械は止まり、テープ上にあるものが計算の結果となります。

- **アルファベット (alphabet)**

  それぞれの機械には、テープから読んだり、テープに書いたりできる記号の集まりがあります。この集合は機械の**アルファベット**と呼ばれます。

- **遷移関数 (Transition Function)**

  遷移関数は、この機械の心髄であり、機械がどう振る舞うかを記述するものです。形式的に言うと、機械の状態と現在のテープのセルにあるアルファベットの文字から、機械が取るべき行動への関数として定義されます。機械が取るべき行動というのは、機械の新しい状態の値、現在のテープのセルに書き込むべき文字、左右どちらへテープヘッドを動かすかを指定したものです。

例として、とても単純なチューリング機械の古典的な例を見ましょう。**一進数 (unary number)** を使った引き算を実行する機械です。一進数 N は、N 個の「1」を並べたもので書かれます。例えば、一進表記では 4 は 1111 と書きます。

2 つの数 M と N の引き算が「N - M =」という文字列として書かれているテープを機械に与えましょう。停止するまで動作した後、テープには M から N を引いた値が書かれているはずです。例えば、入力テープに「1111-11=」（つまり十進表記で 4 − 2）と書かれていたら、出力は「11」（つまり十進表記で 2）となります。

アルファベットは、「1」、「 」（空白）、「-」（マイナス記号）、「=」（等号）という文字です。

機械は、scanright、eraseone、subone、skip という 4 つの状態を持ちます。scanright の状態から処理を開始します。機械の遷移関数は次の表で与えられます。

遷移前の状態	記号	遷移後の状態	書き込む文字	移動方向
scanright	space	scanright	space	right
scanright	1	scanright	1	right
scanright	minus	scanright	minus	right
scanright	equal	eraseone	space	left
eraseone	1	subone	equal	left
eraseone	minus	HALT	space	n/a
subone	1	subone	1	left
subone	minus	skip	minus	left
skip	space	skip	space	left
skip	1	scanright	space	right

この機械がすることは、等号が見つかるまで右に移動し、等号を消したのち左に移動、2 つめの数から数字を 1 つ消し、等号に置き換えます（それで 2 つめの数は 1 減らされ、等号は 1 つ位置を変えます）。次に、（2 つの数を区切っている）マイ

ナス記号を探しに戻り、1つめの数から数字を1つ消し、再び右のほうへ等号を探しに戻ります。

このようにして1回の処理で2つの数それぞれから1つずつ数字を消します。等号にたどり着いたときに、機械は2つめの数から数字を1つ消すために戻ります。数字を見つける前に「-」に到達した場合は、処理が完了したことを知り、動作を停止します。機械が特定の入力文字列をどう処理するかを追ってみれば動作がよくわかるでしょう。動作を追いながら、機械の状態と、それに続けて [] (角括弧) で囲ったテープの内容に、現在ヘッダがあるテープのセルを{} (波括弧) で囲ったものを書いていきます。

状態	テープ
scanright	[{1}1 1 1 1 1 1 1 - 1 1 1 =]
scanright	[1{1}1 1 1 1 1 1 - 1 1 1 =]
scanright	[1 1{1}1 1 1 1 1 - 1 1 1 =]
scanright	[1 1 1{1}1 1 1 1 - 1 1 1 =]
scanright	[1 1 1 1{1}1 1 1 - 1 1 1 =]
scanright	[1 1 1 1 1{1}1 1 - 1 1 1 =]
scanright	[1 1 1 1 1 1{1}1 - 1 1 1 =]
scanright	[1 1 1 1 1 1 1{1}- 1 1 1 =]
scanright	[1 1 1 1 1 1 1 1{-}1 1 1 =]
scanright	[1 1 1 1 1 1 1 1 -{1}1 1 =]
scanright	[1 1 1 1 1 1 1 1 - 1{1}1 =]
scanright	[1 1 1 1 1 1 1 1 - 1 1{1}=]
scanright	[1 1 1 1 1 1 1 1 - 1 1 1{=}]
eraseone	[1 1 1 1 1 1 1 1 - 1 1{1}]
subone	[1 1 1 1 1 1 1 1 - 1{1}=]
subone	[1 1 1 1 1 1 1 1 -{1}1 =]
subone	[1 1 1 1 1 1 1 1{-}1 1 =]
skip	[1 1 1 1 1 1 1{1}- 1 1 =]
scanright	[1 1 1 1 1 1 1 {-}1 1 =]
scanright	[1 1 1 1 1 1 1 -{1}1 =]
scanright	[1 1 1 1 1 1 1 - 1{1}=]
scanright	[1 1 1 1 1 1 1 - 1 1{=}]
eraseone	[1 1 1 1 1 1 1 - 1{1}]
subone	[1 1 1 1 1 1 1 -{1}=]
subone	[1 1 1 1 1 1 1 {-}1 =]
skip	[1 1 1 1 1 1 1{ }- 1 =]
skip	[1 1 1 1 1 1{1} - 1 =]
scanright	[1 1 1 1 1 1 { }- 1 =]

```
scanright   [ 1 1 1 1 1 1    {-}1 =    ]
scanright   [ 1 1 1 1 1 1     -{1}=    ]
scanright   [ 1 1 1 1 1 1     - 1{=}   ]
eraseone    [ 1 1 1 1 1 1     -{1}     ]
subone      [ 1 1 1 1 1 1    {-}=      ]
skip        [ 1 1 1 1 1 1  { }- =      ]
skip        [ 1 1 1 1 1 1{ }  - =      ]
skip        [ 1 1 1 1 1{1}    - =      ]
scanright   [ 1 1 1 1 1  { }  - =      ]
scanright   [ 1 1 1 1 1    { }- =      ]
scanright   [ 1 1 1 1 1      {-}=      ]
scanright   [ 1 1 1 1 1       -{=}     ]
eraseone    [ 1 1 1 1 1      {-}       ]
HALT        [ 1 1 1 1 1      { }       ]
```

結果は 11111（十進表記で 5）となります。ほら、ちゃんと計算できた！

ここで理解すべき真に重要なことは、**プログラムがない**ことです。私たちが行ったことは、引き算するチューリング機械を定義しただけです。この機械はどんな指示も受け**ません**。状態と遷移関数は機械に組み込まれているのです。そして、このチューリング機械ができることは、ある数からある数を引き算することだけです。2 つの数の足し算や掛け算を行うには、他の機械を組み立てねばなりません。

22.2 メタへ行く：機械を真似する機械

先ほど見たようなチューリング機械は悪くありませんが、非常に制限されています。もしチューリングが成したことが、このような機械を発明することだけだとしたら、かっこいいとはいえ真に画期的とはいえません。チューリングが真の天才であったのは、このような機械には**自身の真似ができる**能力があることに気づいたところでした。チューリングは、他のチューリング機械の動作が記述されたテープ、つまり現在私たちがプログラムと読んでいるものを入力とするチューリング機械を設計できたのです。この機械は、現在では**万能チューリング機械（universal Turing machine）**として知られています。万能チューリング機械は、単体で他の**どんな**チューリング機械のふりをすることも可能であり、それゆえどんな計算もプログラムすることができました！

これが、私たちがコンピュータと呼んでいるものの基本的なアイディアです。そして、このアイディアを通じて、コンピュータプログラムというのが実際には何物なのかもわかります。万能チューリング機械（または UTM）は単なる計算機械ではありません。あなたが欲しい機械の説明を食わせるだけで、**どんな**計算機械にもなれる装置なのです。バイナリの機械語で書かれていても、λ計算で書かれていても、最新の関数型プログラミング言語で書かれていても、コンピュータプログラムは特定の作業を行う機械を記述したものにすぎないのです。

万能チューリング機械はただの機械ではなく、他の機械に変装できる機械です。特定の作業のために特定の機械を組み立てる必要はないのです。このチューリング機械であれば、必要になる機械は 1 つだけです。あなたが欲しい任意の機械になる能力を、この機械が持っているのです。

計算について理解するために、チューリング機械で遊び、チューリング機械を実験の舞台として使います。チューリング機械という単純な機構で、どうすれば処理できるかを考えるのは、魅力的な取り組みです。それに、チューリング機械がどれほど単純な機械であるかを納得するには、そうやって使ってみるのが一番です。

チューリング機械を使った実験の偉大な例として、実現可能な最も小さい万能チューリング機械を解き明かそうとする取り組みがあります。何年もの間、人々は、万能チューリング機械をより小さく小さくする方法を発見し続けてきました。7 つの状態と 4 つの記号、5 つの状態と 4 つの記号、4 つの状態と 3 つの記号、という具合です。そしてついに 2007 年、3 つの記号からなるアルファベットを持つ 2 状態機械が「チューリング完全」であることが示されました（“A New Kind of Science”[13] という本で初めて提示されました）。アルファベットが 3 つよりも少ない記号を持つ万能チューリング機械を組み立てるのが不可能であることは少し前からわかっていたので、現在では実現可能な最も小さい万能チューリング機械は 2 状態、3 記号であることが判明しています。

機械を改造し、どんな影響があるか調べてみれば、それもまた別の一連の実験となります。チューリング機械の単純さを知ってしまうと、それが本当に万能な機械**である**とは信じがたいでしょう。調査のためにできることは、機械に部品を追加してみて、普通のチューリング機械ではできないことが可能になるか調べることです。

例えばチューリング機械で複雑な計算をしていると、なんらかの作業のための場所を探しに何度も行ったり来たりして、テープを読み取るのに多くの時間を費やすことになります。その様子は単純な引き算の例で見ました。一進数の引き算程度のささいな処理でさえ、テープをきちんと読み取りながら行ったり来たりするのに、それなりの労力がかかっています。では、もし補助の記憶装置として使える 2 つめのテープを追加したらどうでしょう？ テープが 1 つのチューリング機械ではできないことができるでしょうか？

やりたいことを具体的にしてみましょう。これから新しい 2 テープチューリング機械を作っていきます。機械への入力は 1 つめのテープにあり、2 つめのテープには機械が動き始めたときには何も記録されていません。機械がテープを読み取るたびに、進行中の計算についての情報を記録するため、2つめのテープに印を付けられます。テープは一緒に動くので、2つめのテープにある注釈は、常にその注釈の対象と一緒に並んでいます。遷移関数も2つのテープに対応できるよう拡張しておきます。それぞれの遷移規則は、2つのテープにある値の組に依存します。また、遷移規則による書き込みの指定は、両方のテープに対して可能とします。

この補助記憶装置によって何か能力は追加されたのでしょうか？ いいえ、実は2テープの機械とまったく同じように振る舞う1テープチューリング機械を設計できます。単にテープの各セルに2つの記号を書けるようにすればいいだけです。これは、新しいアルファベットを作成し、そのアルファベットの記号が実際に組になっているようにすれば可能です。テープ1に書ける記号の集合を A_1 とし、テープ2に書ける記号の集合を A_2 とします。A_1 と A_2 の直積をアルファベットとする、1テープチューリング機械を作れます。こうすれば、このテープ上の各記号は、テープ1にある記号とテープ2にある記号の組と同等になります。これで2テープ機械と同等の1テープ機械を手に入れました。この変更で、1テープチューリング機械は2テープチューリング機械と厳密に同じことができるようになりました。そして、この拡張されたアルファベットを持つ変種のチューリング機械ができるなら、その機械は普通の1テープチューリング機械なので、同じく万能チューリング機械でもできます！

さらにもっといろいろな実験ができます。例えば、2つのヘッドが一緒に動く、という制約を外すこともできます。テープが別々に動く2テープ機械は非常に複雑です。しかしそうだとしても、1テープ機械で同じ動作を実現する方法を示せます。2テープ機械は多くの計算を**非常に**速くできます。2つのテープを1テープ機械で真似るには、2つのヘッドがあるはずの位置の間をたくさん行ったり来たりしてテープを読み取らなければならないでしょう。そのため1テープ機械で2テープ機械を真似ると、すごく遅くなります。しかし、どんなに長い時間がかかっても、2テープ機械でできることは何であれ1テープ機械ででもできます。

では2次元のテープではどうでしょう？ 2次元チューリング機械のアイディアをもとにした楽しいプログラミング言語がいくつかあります[†1]。2次元なら、いかにも表現能力が高そうです。しかし後でわかるように、1次元でできず2次元でできることはありません！

2次元機械は、2テープ機械を使って真似ができます。1テープ機械で2テープ機械の真似ができることはわかっているので、2テープ機械に2次元機械と同じ動

[†1] 難解な言語 Befunge（http://catseye.tc/node/Funge-98.html）は、2次元万能チューリング機械をプログラミングする楽しい例です。

作をさせる方法が書ければ、1 テープ機械でもできることがわかります。

2 テープ機械に対して、図 22.2 にあるように、2 次元テープのセル (0,0) を 1 次元テープの 0 へ、2 次元テープのセル (1,0) を 1 次元テープの 1 へ、2 次元テープのセル (0,1) を 1 次元テープの 2 へ、というように 2 次元テープを 1 次元テープに対応付けます。そして、2 つめのテープは 2 次元テープの動きと同じことをするのに必要な記録のために使います。これで、2 次元チューリング機械を 2 テープ 1 次元チューリング機械で真似ることができました。そして、1 テープ 1 次元チューリング機械で 2 テープ 1 次元チューリング機械の真似ができることはすでに知っています。

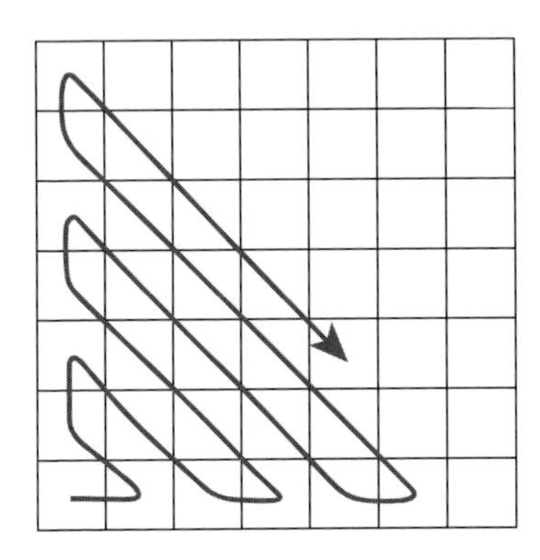

▶ 図 22.2　2 次元テープの対応付け

私はチューリング機械の最も美しい点はここだと思います。チューリング機械は、理論上の基礎的な計算装置の構成であるのみならず、実験がとても簡単にできる計算装置の簡潔な構成になっているのです。λ 計算を思い出してください。多くの目的にとってはλ 計算のほうがチューリング機械よりも役に立ちます。実世界ではλ 計算でプログラムを書きますが、チューリング機械のプログラムを使って現実のアプリケーションを書く人はいないでしょう。しかし、チューリング機械の代替品を組み立てようといった試みをしたいとしたら、どうでしょうか。λ 計算でそのような実験をするのはとても大変です。Minsky 機械や Markov 機械などのほかの種類の機械でも同様です。

チューリング機械で遊ぶことに興味がある人のために、私が Haskell で簡単なチューリング機械を実装しておきました。この本のウェブサイトからソースコードとコンパイル手順を取得できます[†2]。これにチューリング機械の記述と入力文字

[†2] http://pragprog.com/book/mcmath/good-math

列を食わせると、この章で議論したような機械の実行の足跡が得られます。私のチューリング機械用の言語を使って引き算機械の仕様書を書くとこうなります。

```
states { "scanright" "eraseone" "subtractOneFromResult"
    "skipblanks" } initial "scanright"
alphabet { '1' ' ' '=' '-' } blank ' '
trans from "scanright" to "scanright" on (' ')
    write ' ' move right
trans from "scanright" to "scanright" on ('1')
     write '1' move right
trans from "scanright" to "scanright" on ('-')
     write '-' move right
trans from "scanright" to "eraseone" on ('=')
    write ' ' move left
trans from "eraseone" to "subtractOneFromResult" on ('1')
    write '=' move left
trans from "eraseone" to "Halt" on ('-')
    write ' ' move left
trans from "subtractOneFromResult" to
    "subtractOneFromResult" on ('1')
    write '1' move left
trans from "subtractOneFromResult" to "skipblanks" on ('-')
    write '-' move left
trans from "skipblanks" to "skipblanks" on (' ')
    write ' ' move left
trans from "skipblanks" to "scanright" on ('1')
    write ' ' move right
```

文法はとても単純です。

- 最初の行では、機械が取りえる状態と、どの状態から開始するかを宣言しています。この機械は 4 つの状態（scanright、eraseone、subtractOneFromResult、skipblanks）を取ります。機械が処理を開始するときには skipright の状態です。
- 2 行めでは、テープに現れる記号の集合と、入力で値が指定されなかったテープのセルの初期記号を宣言しています。この機械では、記号は数字の 1、空白、等号、引き算記号です。初期値が指定されなかったテープのセルには空白記号が入ります。
- その後ろには、遷移の宣言が並びます。それぞれの宣言は、与えられた動く前の状態とテープ記号の組に対し、機械がどう動作するかを指定しています。例えば、機械が scanright の状態にあり、現在のテープのセルに等号があった場合、機械は状態を eraseone へ移し、空白をテープのセルに書き込み（記号「=」を消し）、テープのセルを 1 つ左に動かします。

これが世界を変えた機械です。現実の計算機ではなく、あなたの机の上に鎮座しているコンピュータの構成とはほとんど関係ありませんが、私たちのコンピュータだけでなく、計算の概念全体を支える基礎を築いたものです。チューリング機械は単純ですが、チューリング機械でできなくてコンピュータでできることは何もありません。

チューリング機械を通じて得られる教訓は、計算は**単純だ**ということです。計算ができるために必要なものは多くありません。次の章では、計算について、チューリング機械とはまた別の、精神歪曲を受けそうな視点から見てみます。その過程で、チューリング機械のようにどんな計算もできるためには、計算システムに何が必要かを調べていきます。

第23章

計算の病理学と、その心髄

計算機科学用語では、計算システムが万能チューリング機械と同じ計算ができるとき、**チューリング完全**であると言います。チューリング機械は機械じかけの計算機の中で最大の能力を持つものの一例なので、計算システムがチューリング完全かどうかは重要な問題です。チューリング機械の能力は、それに匹敵する場合はあっても絶対に越えられることはありません。チューリング機械と同じ計算ができる計算装置であれば、他の計算機でできることはすべてできます。では、機械がチューリング完全であるためには何が必要でしょうか。任意の計算ができる機械を作るのはどれほど難しいのでしょう。

答えは、「びっくりするほど簡単」です。

計算機は驚くほど複雑なことができるのだから、中身も複雑に違いないと予想するでしょう。実際に装置を使ってみても複雑に見えます。私が今文字を打っているコンピュータには、CPUだけで**2億9200万個**のスイッチがあり、RAM、フラッシュメモリ、画像処理用プロセッサ（GPU）などには数十億以上のスイッチがあります。これはすぐには想像できないような大きな数字です。現代のシリコン半導体素子の計算機は、驚くほど複雑な機械なのです。

しかし計算装置は、複雑であるにもかかわらず、私たちの予想とは裏腹に、少なくとも理論上はきわめて単純な機械です。複雑なのは、どうやって機械を小さく速くするか、どうやってプログラミングをしやすくするか、あるいはどうやって多くの装置とやり取りできるように作るか、といった問題を解決するところです。しかし計算の基礎は、実はとても単純で、チューリング完全**でない**計算システムを作るほうがよっぽど苦労するくらいなのです。

では、チューリング完全であるためには何が必要なのでしょうか？ 計算の心髄に欠かせない要素は 4 つあります。その 4 つの要素をすべて兼ね備えた機械は皆チューリング完全であり、したがって、どんな計算も行える能力があります。

- **記憶装置**
  すべてのチューリング完全な計算装置は、容量無制限の記憶装置につながっている必要があります。現実には、容量無限の記憶装置を持つ機械は存在しませんし、無限の量の記憶装置を使えるプログラムもありません。しかし理論上、チューリング完全であるためには、使える記憶装置の容量に固定された上限があってはいけません。記憶装置はなんでもかまいません。現実のコンピュータに入っているような、数字の番地が付いた記憶装置である必要はありません。テープや、キューや、名前と値の対応の集まりや、拡張可能な文法規則の集まりでもかまいません。容量が無制限である限り、どんな種類の装置かは関係ありません。
- **算術計算**
  なんらかの方法で算術計算ができる必要があります。特に、ペアノ算術ができなければいけません。詳細がどうなっているかは問いません。一進数、二進数、三進数、十進数、EBCDIC、ローマ数字、その他どんな方法による算術計算でもかまいません。しかし**少なくとも**、ペアノ算術で定義された基本的な演算ができる機械でなければなりません。
- **条件付き実行**
  一般的な計算を行うには、選択を行うなんらかの手段が必要です。そのために使える仕組みとしては、（INTERCAL の PLEASE IGNORE のように）選択的に一部のコードを無視する、条件分岐を使う、テープセルの内容に基づいて状態を選択するなど、いろいろなものがあります。とにかく必要なのは、計算した値もしくはプログラムへの入力の一部の値に基づいて異なる振る舞いを選べることです。
- **繰り返し**
  計算システムは処理を繰り返せる必要があります。ループや再帰など、計算の小片の反復繰り返しは必要不可欠です。さらに、条件付き実行と組み合わせて、条件付きの繰り返しができる必要があります。

この章では、これらの要件を用いて、チューリング完全な計算システムに不可欠な要件を新しい計算機械がどのように提供するか調べていきます。しかし、またチューリング機械のような機械を調べるだけでは退屈でしょう。そこで、もっとおちゃらけた道を行くことにします。私が**病的プログラミング言語**と呼んでいるものを使って計算の心髄を見ていきましょう。

23.1 BFの紹介：偉大で見事な完全なるおちゃらけ

私の本職は数学者ではありません。計算機科学者です。もちろん数学ギークではあるけれど、実際に手掛けていることの大半は応用数学の領域であり、ほかの人たちがプログラムを組み立てるのを手助けするシステムを作ることです。

私が病的に執着するものの1つはプログラミング言語です。中学生のころ最初にTRS-80 Model 1 BASICに触れてからというもの、完全にプログラミング言語にのめり込んでしまっています。この前数えたときには150以上の言語を習得していましたし、その数はさらに増えています。そのほとんどでプログラムを書いています。要するにマニアです。

さて、ここまでまわりくどい導入でしたが、ようやく本題です。著しく単純な計算装置で、完全な形式的定義とハードウェアによる実装[†1]もある、驚くほど奇妙で病的なプログラミング言語があります。

奇妙なプログラミング言語の設計は、良い意味でイカれたギークの間では人気のある趣味です。そのような言語は、少なく見積もっても数百はあります[†2]。正気とは思えないプログラミング言語ばかりですが、その中でも特別に名誉ある地位を確立している言語があります。Urban Möllerという紳士によって設計されたBrainf***[†3]です（以降はBFと表記します）。

BFマシンはとても美しい作品です。そしてBF機械は**レジスタマシン**です。つまり記憶レジスタ上で計算を行います。実際のレジスタマシンの仕組みは、現代の電子的なCPUの仕組みを知っていれば理解できます。現実のコンピュータのハードウェアでは、物理的なハードウェアレジスタに固定的な名前が付いています。BF機械では、そうではなく、相対的な位置でレジスタを指し示します。BF機械は、無限長のテープの上にある無限個のレジスタを（概念的に）使えます。そしてBF機械には、現在のレジスタを指し示すテープヘッドがあります。レジスタは、テープヘッドの現在の位置からの相対位置で参照されます。（相対アドレッシングという概念は、現代のほとんどのコンパイラが使っている技術ですが、BFはそれを言語の基本

[†1] それぞれ http://en.wikipedia.org/wiki/P_prime_prime と http://www.robos.org/?bfcomp
[†2] もし興味があれば、そういう言語が満載の http://esolangs.org/ というWikiがあります。
[†3] http://www.muppetlabs.com/~breadbox/bf/

要素としているのです。） BF のプログラムは、レジスタのテープヘッドを前後に動かしていろいろなレジスタの読み書きをすることで動作します。レジスタのテープヘッドを特定のセルの位置に動かし、そのセルの値を増やしたり、減らしたり、セルの値が 0 かどうかによって条件分岐したりできます。これだけです。これだけでチューリング完全になるのに十分なのです。

機械についてはちょっとわかってきたので、BF の命令セットを調べてみましょう。BF には、入出力も含めて全部で 8 つのコマンドがあります。それぞれのコマンドは 1 文字で書くので、BF のシンタックスは史上最も簡素なものの 1 つです。

- **「>」（テープを進める）**
  テープヘッドをセル 1 つぶん進めます。
- **「<」（テープを戻す）**
  テープヘッドをセル 1 つぶん戻します。
- **「+」（インクリメント）**
  現在のテープセルの値を 1 つ増やします。
- **「-」（デクリメント）**
  現在のテープセルの値を 1 つ減らします。
- **「.」（出力）**
  現在のテープセルの値を文字として出力します。
- **「,」（入力）**
  文字を読み込み、その数値を現在のテープセルに書き込みます。
- **「[」（比較して前へ分岐する）**
  比較して前へジャンプします。つまり、現在のテープセルの値を 0 と比較し、0 であれば対応する “]” の直後の命令までジャンプして、そうでなければ次の命令の処理を続けます。
- **「]」（比較して後ろへ分岐する）**
  比較して後ろへジャンプします。つまり、現在のテープセルの値が 0 でなければ、対応する “[” へジャンプして戻ります。

BF は、この 8 つの命令の文字以外の文字を無視します。BF インタプリタは、コマンドでない文字を見つけると、単に読み飛ばして次のコマンド文字へ進みます。プログラムの命令列にコメントをそのまま書き散らすことができるので、BF でコメントを書くのに特別な文法を必要としないということです。（でも気をつけてください。カンマやピリオドを使うと命令になってしまうのでプログラムが壊れるでしょう。）

BF のプログラムがどんな見た目になるか見てみましょう。これが BF の hello-world プログラムです。

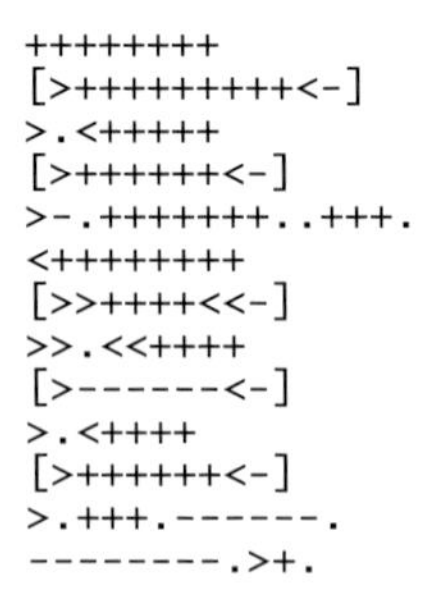

```
++++++++
[>+++++++++<-]
>.<+++++
[>++++++<-]
>-.+++++++..+++.
<++++++++
[>>++++<<-]
>>.<<++++
[>------<-]
>.<++++
[>++++++<-]
>.+++.------.
--------.>+.
```

このプログラムを理解するためにバラバラにしてみましょう。

- **++++++++**
  現在のテープセルに数の 8 を格納します。これはループインデックスとして使うので、ループは 8 回繰り返されます。
- **[>+++++++++<-]**
  ループを実行します。ループインデックスの後ろにあるテープセルに 9 を足します。次に、ループインデックスのセルに戻ってデクリメントします。もし 0 にならなければ、分岐したループの先頭まで戻ります。ループが完了したときは、最終的に 2 つめのセルに数の 72 が入っています。これは文字 H の ASCII コードです。
- **>.**
  ループインデックスの後ろのセルに行き、そこにあるものを出力します。ここでは 72 という値を文字（H）として出力します。
- **<+++++**
  ループインデックスに戻ります。今回は値 5 を格納します。
- **[>++++++<-]**
  別のループを実行し、H を作ったときと同じことをします。しかし、今回は 2 つめのセルの値に 6 を 5 回足します。（1 つ前の処理でそのセルに残っていた値を除去していなかったので、数字の 72 のままであることを思い出してください。）この新しいループが完了すると、2 つめのセルには数の 102 が入っています。
- **>-.**
  インデックスの先に進んで、レジスタの値から 1 を引いて出力します。出力されるのは数字で言うと 101、つまり e です。

この後もほとんど同じ調子で処理を続け、テープセルをいくつか使ってループを回すことで文字の値を作成していきます。それなりにきれいです。しかし同時に、“Hello world” を出力するだけなのに驚くほど複雑です！ びっくりするでしょ？

23.2 チューリング完全か、さもなくば完全に無意味か？

BF 機械はなぜチューリング完全なのでしょうか？ チューリング完全であるための 4 つの基準の観点から、BF 機械の特徴を見ていきましょう。

- **記憶装置**
  BF には大きさに上限のないテープがあります。テープにある各セルには任意の数値が保存できます。このことから、明らかに記憶装置には上限がありません。特定のセルを名前やアドレスで参照できないため、記憶装置の使い方は込み入っています。具体的には、テープヘッドが今どこにあり、どう動かしたら見たい値の場所まで行けるか、常に把握しつつプログラムを書かなければなりません。しかしよく考えてみると、これは実は制限とはなりません。現実のコンピュータのプログラムでも、何がどこにあるかを常に把握している必要があります（ほとんどのプログラムでは、そのために相対アドレスを使っています）。とてつもなく単純ではありますが、BF の機構に取り立てて制限があるわけではありません。少なくとも、この記憶装置を計算に使えないなんてことはありません。というわけで記憶装置についての要件は満たされています。
- **算術計算**
  BF ではテープセルに整数値を格納し、インクリメント演算とデクリメント演算が使えます。ペアノ算術ではインクリメントとデクリメントにより演算が定義されているので、明らかに BF の命令で事足ります。したがって、算術計算があることがわかりました。
- **条件付き実行と繰り返し**
  BF では、条件付き実行と繰り返しの両方を同一の機構により提供しています。[演算と] 演算の両方で条件分岐ができます。[は、ある条件でコードのかたまりを読み飛ばしたり、] による逆方向の分岐の標的として使えます。] は、ある条件でコードのかたまりを繰り返したり、[による順方向の分岐の標的として使えます。条件付きで実行したり繰り返したりするコードを、この2つの命令に挟むことで作れます。これが必要なもののすべてです。

23.3 至高から滑稽へ

さっきの例で物足りない人のために、フィボナッチ数列を生成する本当に素晴らしい実装をお見せしましょう。説明コメントも付けておきます。これを書くために使ったBFコンパイラは8つのコマンド以外の文字を無視するので、コメントのために特別な目印を付ける必要はありません。ただしカンマやピリオドを使わないように注意しなければいけません[†4]。

```
+++++++++++ 出力する数の個数
> #1 へ進む
+ 最初の数を書き込む
>>>> #5 へ進む
++++++++++++++++++++++
++++++++++++++++++++++ （カンマ）
> #6 へ進む
++++++++++++++++
++++++++++++++++ （スペース）
<<<<<< #0 へ戻る
[
> #1 へ進む
#1 を#7 へコピー
[>>>>>>+>+<<<<<<<-]
>>>>>>>[<<<<<<<+>>>>>>>-]
<
#7 を 10 で割る（#7 の位置から開始）
[
>
++++++++++ 割る数を#8 にセット
[
割られる数から割る数を引く
-<-
割られる数が 0 になったらループを抜ける
割られる数を#9 へコピー
[>>+>+<<<-]>>>[<<<+>>>-]
#10 に 1 をセット
+
#9 が 0 でなければ#10 を 0 にする
<[>[-]<[-]]
#10 が 0 でなければ割る数の残りを#11 へ移す
>[<<[>>>+<<<-]>>[-]]
#8（割る数の位置）へ戻る
<<
]
#11 が空（余りがない）なら商がある#12 をインクリメントする
>>> #11 へ進む
```

†4 このコードの出典は http://esoteric.sange.fi/brainfuck/bf-source/prog/fibonacci.txt にあるBFの説明です。

```
#11 を#13 へコピー
[>>+>+<<<-]>>>[<<<+>>>-]
#14 に 1 をセット
+
#13 が 0 でなければ#14 を 0 にする
<[>[-]<[-]]
#14 が 0 でなければ商をインクリメントする
>[<<+>>[-]]
<<<<<<< #7 へ戻る
]
#12 が商で#11 が余り
>>>>> #12 へ進む
#12 が 0 でなければ、数字 0 の ascii コードを加えた値を出力
[++++++++++++++++++++++++
++++++++++++++++++++++++.[-]]
#11 を 10 から引く
++++++++++    これで#12 が 10 になる
< #11 へ戻る
[->-<]
> #12 へ進む
0 の場合でも#12 を出力する
++++++++++++++++++++++++
++++++++++++++++++++++++.[-]
<<<<<<<<<<< #1 へ戻る
最後の数かどうかをチェック
#0 を#3 へコピー
<[>>>+>+<<<<-]>>>>[<<<<+>>>>-]
<- #3 へ戻り値をデクリメント
#3 が 0 でなければ（カンマ）と（スペース）を出力
[>>.>.<<<[-]]
<< #1 へ戻る
[>>+>+<<<-]>>>[<<<+>>>-]
<<[<+>-]>[<+>-]<<<-
]
```

こんな実装をしていると、なんのためにやっているのかわからなくなってきます。重要なプログラムを書くときには絶対に BF をおすすめしません。それでも BF は驚くほど単純な言語であり、最小のチューリング完全な計算システムの例としては、私が知る限り最良です。入出力を**含めて**も 8 つの命令しかないのですから。

BF は、チューリング完全であることが何を意味するかの素晴らしい説明になっています。BF にはきっちり必要不可欠なものだけがあります。レジスタテープの上の無制限の記憶装置、インクリメント命令とデクリメント命令による算術計算、開き角括弧と閉じ角括弧を使った制御フローとループ。それだけです。これが計算の心髄なのです。

第24章

計算：違う、ただの計算じゃない — λ計算だ

計算機科学、特にプログラミング言語の分野では、計算についての事実を理解したり証明したりしようとするときに、λ（ラムダ）計算と呼ばれるツールを使います。

λ計算は、アロンゾ・チャーチ（Alonzo Church、1903-1995）という名のアメリカの数学者によって、停止性問題のいくつかある証明のうち最初期のものの1つの中で設計されました（停止性問題については第27章でもっと話します）。停止性問題の解決に大きな功績があるとされているのはチューリングで、ほとんどの人が覚えているのも彼による証明です。しかしチャーチもまたチューリングとは独立に停止性問題を解決していたのです。しかも彼の証明のほうが先に発表されました！

λ計算は、おそらく計算機科学で最も広く使われている理論的な道具でしょう。例えばプログラミング言語の設計者たちにとって、λ計算はプログラミング言語の動作を説明する格好の道具です。λ計算に強く依拠しているHaskell、Scala、さらにはLispといった関数型プログラミング言語は、純粋なλ計算を別の構文で書いたものでしかありません。 そんな神秘的な関数型言語に限らず、PythonにもRubyにもλ計算の強い影響があります。C++のテンプレートメタプログラミングさえ、λ計算に大きく影響を受けています。

プログラミング言語の世界の外では、計算の性質や離散数学の構造を研究している論理学者や数学者がλ計算を多用しています。言語学者が話し言葉の意味を記述

するのにさえ使われています。

λ計算の何がそんなにすごいのでしょう？ この節で詳しく見ていきますが、短く言うとこんな感じです。

- λ計算は単純です。式を組み立てるための要素が、抽象、識別子参照、適用の3つしかありません。これら3つの構成物で書かれた式を評価するのに必要な規則は、名前の置換をするためのα（アルファ）と、関数を適用するためのβ（ベータ）の2つだけです。
- λ計算はチューリング完全です。なんらかの計算装置で計算できる関数はλ計算でも書けます。
- λ計算は読み書きが簡単です。文法はプログラミング言語に似ています。
- λ計算には強力な意味論があります。確固たる形式的なモデルのある論理構造に支えられており、それはつまりλ計算がどう動くかを論証するのがとても簡単ということです。
- λ計算は柔軟です。単純な構造のおかげで、簡単にλ計算の変種が作れ、計算や意味論を構造化するさまざまな方法の特性を調査できます。

λ計算は**関数**という概念に基づいています。λ計算の基本的な式は、λ式と呼ばれる特別な形式の関数定義です。純粋なλ計算では、すべてのものが関数です。関数の定義と適用しかできないので、関数以外の値はありません。奇妙に聞こえるかもしれませんが、これは少しも制約にはならず、何かデータ構造が欲しければλ計算を使ってどんなものでも作れます。

前置きは終わりにして、さっそくλ計算について見ていきましょう。

24.1　λ計算を書く：プログラミングも同然！

いきなりλ計算の細部を見る前に、λ計算のどのへんが「計算」なのかを考えてみましょう。計算は英語でcalculusですが、これには微積分という意味もあります。アイザック・ニュートンとゴットフリート・ライプニッツが発明した、あの微積分です。λ計算は、微積分とは**一切**関係ありません！

数学用語で**計算(calculus)**といったら、記号的な式の操作の体系のことです。微分も、数学の関数を表す式を操作する方法なので、計算だといえます。λ計算は、**計算(computation)**を記述する式をどのように操作するかを記述するものなので、計算（calculus）なのです。

計算（calculus）を定義する方法は、前に第12章で論理を定義した方法に非常に似ています。λ計算には、言語の文と式をどう書くかを記述した**構文**があり、言語の式を記号的に操作できるようにする**評価規則**の集合があります。

私がλ計算が大好きな理由はたくさんありますが、そのうちの1つは、プログラマにとってとても自然だからです。チューリング機械は素晴らしく単純な一方、これで複雑なことをする方法を考えようとすると、かなりの難問になる可能性があります。でもλ計算だったら？ まるでプログラミングみたいになります。λ計算はプログラミング言語を作るためのひな型とも解釈できます（実際、さまざまなプログラミング言語を作るうえで重要なひな型になってきました）。実のところλ計算の言語は、たった3種類の式からなる、非常に簡素な式ベースのプログラミング言語なのです。

- **関数定義**
  λ計算の関数は、「λ パラメータ . 本体」のように書かれる式です。この式は、パラメータが1つだけの関数を定義します。
- **識別子参照**
  関数の本体に出てくる名前で、パラメータ名に一致するものを、識別子参照といいます。
- **関数適用**
  引数の前に関数の値を書くと、引数への関数の適用になります。$x\ y$ のように書いて、関数 x を値 y に適用します。

注意深く読んだ人は、関数定義で困ってしまうと思ったかもしれません。パラメータが1つしか持てないなんて！ すべての関数をどうやって1つのパラメータで書けるのでしょう？ パラメータを1つしか使えなかったら、単純な足し算をする関数すら実装できないではないですか！

その答えは、λ計算から得られる基本的な教訓の1つです。私たちが本質的で根源的だと信じていることの多くは、実はそうではありません。パラメータを複数持つ関数、数、条件文といったものは、基礎的で根源的だと考えてしまいがちですが、λ計算を学ぶことで実は必須要素ではないとわかります。単純な1パラメータ関数は十分に強力であり、そうした要素を**組み立てられる**ので、必須要素にする必要がないのです。

複数パラメータ関数がなくても困ることはありません。複数パラメータ関数のように振る舞うものを、1パラメータ関数だけを使って作れます。そんなことができるのは、λ計算において関数は値であり、プログラム中で好きなときに新しい値を作れるのと同じく、好きなときに新しい関数を作れるからです。λ計算のこの能力が、複数パラメータ関数と同じ効果を生み出すのに使えます。2パラメータ関数を書く代わりに、1パラメータ関数を返す1パラメータ関数を書いて、その返された関数が2つめのパラメータを処理するようにすれば、結局、実質的に2パラメータ関数と同じものになります。2パラメータ関数を受け取って、それを2つの1パラメータ関数で表すことを、最初にこの概念を考えついた論理学者のハスケル・カリー（Haskell Curry、1900–1982）にちなんで**カリー化**と呼びます。

例えば、xとyを足す関数を書きたいとします。$\lambda x y.\ x+y$のようなものを書くことにしましょう。1パラメータ関数を使って次のように組み立てていきます。

- 1つめのパラメータを取る関数を書きます。
- この1つめの関数は、2つめの1パラメータ関数を返し、返された関数が2つめのパラメータを受け取って、最終的な結果を返します。

xプラスyの足し算は、xをパラメータとする1パラメータ関数を書き、それがもう1つのyをパラメータとする1パラメータ関数を返し、実際にはそれがxとyの和を返します。すなわち、$\lambda x.\ (\lambda y.x+y)$と書けます。これに「add」のような名前を付けて、add 3 4と実行すればいいでしょう。カリー化された関数でも、使うときには2パラメータ関数のように見えるのです！

カリー化のおかげで、新しい関数を作って返り値にできる限り、複数パラメータを取れることと1パラメータしか取れないことの間に根本的な違いはないのです。（前に、λ計算は実験にとても役立つ、と言った意味に気づいているでしょうか？まだほとんど説明はしていませんが、ここでもう役に立っています！）

実際には、気にせず複数パラメータのλ式を書いていくことにします。カリー化された関数を簡単に書くための記法でしかありませんが、非常に便利で、式が読みやすくなります。

λ計算を理解するのに本当に重要なことで、まだ言っていないことがあります。カリー化の例として2つめに紹介した$\lambda x.\ (\lambda y.x+y)$に着目しましょう。この式がちゃんと動作するのは、関数$\lambda y.\ x+y$を返したときに、**字面上で**$\lambda y.\ x+y$を囲うλ式の実行によって変数xが値を得る場合だけです。もし$\lambda y.\ x+y$がどこかに単独であって、$\lambda y.\ x+y$を囲うλ以外の何か別の手段でxが値を取得できてしまう場合には、正しい結果が返りません。

変数が、いつでも字面上の文脈に拘束されているという特性を、**構文的クロージャ（syntactic closure）**とか**構文的束縛（syntactic binding）**と呼びます。プログラミング言語の分野では**静的束縛（lexical binding）**と呼びます。これにより、ある関数で使う変数が、どの定義のものかがはっきりします。関数がどこで**使用される**かにかかわらず、使用するすべての変数の値は、その関数が**定義された**場所における意味を取ってくるというわけです。

多くのプログラミング言語のように、λ計算の変数はすべて宣言する必要があります。変数を宣言する唯一の方法は、λ式を使って**束縛する**ことです。λ計算の式の評価において、束縛されていない識別子は参照できません。識別子が束縛されるのは、囲まれているλ式でパラメータとして定義されているときです。囲まれている文脈で束縛されていない識別子は、**自由**変数と呼びます。いくつかの例をささっと見てみましょう。

- **λ *x* . *p x y***
  この式で y と p は、囲んでいるどのλ式のパラメータでもないので、自由です。x は束縛されていて、それは x を参照している式 $p\ x\ y$ を囲んでいる関数定義のパラメータになっているからです。
- **λ *x y*. *y x***
  この式では x と y の両方が束縛されています。なぜなら、いずれも関数定義のパラメータになっているからです。自由変数はありません。
- **λ *y* . (λ *x* . *p x y*)**
  これは内側にλが入っているので、ちょっと複雑な式です。というわけで、そこから始めましょう。内側のλであるλx . $p\ x\ y$ では、y と p は自由で、x は束縛されています。式全体では x と y の両方とも束縛されています。x は内側のλによって束縛され、y は外側のλによって束縛され、p は自由なままです。

free(*x*) と書いて、式 x にある自由な識別子の集合を表すことがあります。

λ計算の式が妥当（したがって評価可能）になるのは、すべての変数が束縛されているときのみです。複雑な式から文脈を外して小さい部分式を見てみると、自由変数があるように見えます。ということは、部分式を見たときには自由な変数が、式全体で確実に正しく扱われる方法がとても重要ということです。次の節では、名前を置換する α という操作を使って、これをどう保証するかを見ていきます。

24.2 評価：動作せよ！

λ計算の式を評価する実際の規則は２つしかなく、**α変換**と**β簡約**と呼ばれます。

α は名前置換の操作です。λ計算では、変数の名前に意味はありません。λ式において、束縛する変数が出てくる箇所と、その変数が使われているすべての場所で変数名を変更しても、その式の意味は何も変わりません。複雑な式を評価していくと、異なる場所で同じ名前が使われている状況に至ることがあります。名前の衝突を起こりえなくするため、α 変換によって名前を別の名前に置き換えるわけです。

例えば、$\lambda x.$ if $(= x\ 0)$ then 1 else x^2 のような式があったとすると、x を y に置き換える α 変換を行って $\lambda y.$ if $(= y\ 0)$ then 1 else y^2 とできます。

α 変換を行っても式の意味はまったく変わりません。しかし α 変換がないと、ある 1 つの変数がその変数を囲んでいる 2 つの別々の λ に束縛されるという状況に陥ってしまうことがあるので、α 変換は非常に重要なのです（再帰の話に入ったときに特に重要になってきます）。

話が面白くなるのは β 簡約です。このたった 1 つの規則だけで、機械にできるどんな計算も実行する能力が λ 計算に備わるのです。

β 簡約は λ 計算で関数を適用する方法です。λ 計算において関数の適用が出てきたら、その関数を λ の本体で置き換え、λ のパラメータが使われている部分をすべてその引数の式で置き換えます。ややこしく聞こえるかもしれませんが、動きを見ると実はけっこう簡単です。

$(\lambda x.\ x+1)\ 3$ という関数適用があるとします。β 簡約を行って、関数の本体 $x+1$ を取り、パラメータ変数記号（x）にパラメータの値（3）を代入します。そして x へのすべての参照を 3 で置き換えます。結局、β 簡約の結果は $3+1$ となります。

やや複雑な例として $(\lambda y.\ (\lambda x.x+y))\ q$ という式を考えます。これは面白い式で、適用すると別の λ 式になります。つまり、関数を作る関数です。これを β 簡約すると、パラメータ y へのすべての参照が識別子 q で置き換えられ、その結果は $\lambda x.\ x+q$ になります。

もう 1 つの面倒な例を考えてみましょう。$(\lambda x y.\ x y)\ (\lambda z.z*z)\ 3$ という式があったとします。先頭の関数は、2 つのパラメータを取り、1 つめのパラメータを 2 つめのパラメータに適用する関数です。これを評価すると、先頭の関数の本体にあるパラメータ x を $\lambda z.\ z*z$ で置き換え、パラメータ y を 3 で置き換えるので、$(\lambda z.\ z*z)\ 3$ を得ます。これを β 簡約して $3*3$ が得られます。

形式的に書くと、β 簡約が言っているのはこういうことです。

$$\lambda x.B\ e = B[e/x]$$

ただし $free(e)$ の要素が式 B 中で束縛変数になっていないこと

ここで $B[e/x]$ は、B に出てくる x に e を代入した式のことを表しています。「ただし」以降の条件は、e における自由変数が $B[e/x]$ でも自由変数であるという意味で、そのために必要になるのが α 変換です。β 簡約できるのは、束縛識別子と自由識別子の衝突が起きない場合だけです。識別子 x が e において自由なら、β 簡約した結果でも x が束縛されないことを保証する必要があります。B の中で束縛されて

いる変数と e の中で自由な変数の名前が衝突する場合は、α 変換を使って識別子の名前を変更し、両者が異なる名前になるようにする必要があります。

いつものとおり、例を見ればはっきりするでしょう。$\lambda z.\ (\lambda x. x + z)$ という式で定義された関数があったとします。これを $(\lambda z.\ (\lambda x.x + z))\ (x + 2)$ のように適用したいとします。引数 $(x + 2)$ では、x は自由です。ここでルールを破って β 簡約を強行してみましょう。$\lambda x.\ x + x + 2$ という式になります。$x + 2$ の中では自由**だった**変数が、束縛されてしまっています！ 変えるべきでない関数の意味を変えてしまいました。もし、この不正な β 簡約でできた関数を適用したら、$(\lambda x.\ x + x + 2)\ 3$ となります。β 簡約すると $3 + 3 + 2$ となり、8 が得られます。

α 変換していたとしたら、どうなったでしょうか？

最初に、名前が重複するのを避けるために α 変換を行います。x を y に付け替えて、$\lambda z.\ (\lambda y.y + z)\ (x + 2)$ という式を得ます。

次に β 簡約によって、$\lambda y.\ y + x + 2$ となります。さっきやったようにこの関数を適用して β 簡約を行うと、$3 + x + 2$ を得ます。$3 + x + 2$ と $3 + 3 + 2$ では結果がまったく違います！

これで λ 計算でできることは全部説明しました。すべての計算は、実は単なる β 簡約であり、名前の衝突を防ぐために α 変換という操作があります。これによって λ 計算は、私の経験上、最も単純な形式的計算システムになっています。計算を行う最も単純なやり方の 1 つとしてチューリング機械もありますが、λ 計算は、状態とテープで表されるチューリング機械よりもさらに単純です。

これだと単純すぎるという場合には、η（イータ）変換と呼ばれる規則を追加で導入してもかまいません。η は**外延性**を追加する規則であり、関数どうしの等しさを表現する手段になります。

η を追加することで、どんな λ 式においても、パラメータが取りえるすべての値 x に対して $fx = gx$ ならば、値 f を値 g で置き換えることができます。

24.3 プログラミング言語とラムダの戦略

この章の冒頭で、λ 計算はプログラミング言語の設計について語るのに有用だと言いました。ここまでの λ 計算の説明だけでは、具体的に λ 計算の何が役に立つのかはっきりしません。どのへんに価値あるのかなんとなく感じ取るため、λ 計算の評価戦略と、λ 計算とプログラミング言語との関係について、駆け足で見ていきましょう。

どんなプログラミング言語の講座でも、2 つの異なる評価方法についての講義を受けるでしょう。先行評価と遅延評価です。

これらはプログラミング言語におけるパラメータを渡す仕組みに関連しています。関数 f(g(x+y), 2*x) を呼び出すことを考えてみましょう。**先行評価(eager evaluation)**を行う言語では、最初にパラメータの値を計算し、パラメータの計算が終わってから関数を実行します。よってこの例では、f を実行する前に g(x+y) と 2*x を計算します。そして、g(x+y) を計算するときには、関数 g を実行する前に、まずは x+y を計算します。実際に動いているなじみある言語の多くは、この評価方法を採用しています。例えば、C、Java、JavaScript、Python がこの評価方法で動いています。

遅延評価(lazy evaluation)では、どんな式の値も必要になるまで計算しません。さっきの例では、f を最初に実行します。f が g(x+y) の値を使おうとするまで、g(x+y) を実行しません。f が、パラメータである式 g(x+y) の値をまったく使おうとしなければ、その値は絶対に計算されることはなく、g も実行されません。このような方法はとても便利であり、Haskell や Miranda などの言語の基礎となっています。

先行評価と遅延評価の対比にどんな意味があるか、実際に何が起こるかを予測するうえで十分なくらい精密に定義するのは簡単ではありません。λ 計算を使わない限りはね。

λ 計算では、先ほど見たように、β 簡約を繰り返し使うだけで実際に計算が行われます。λ 計算の式を見ると、どの段階であっても、実行できる β 簡約が複数あります。今まで、実行する β 簡約の選択は場当たり的にやっていました。式の構造の意味を一番すっきり説明できるものを選んでいたのです。プログラミング言語について考えたいのであれば、場当たり的ではいけません。言語は予測可能でなければいけません！ 細部まで決められた再現性がある方法を指定して β 簡約を実行する必要があります。

β 簡約を行う方法のことを**評価戦略(evaluation strategies)**と呼びます。次の 2 つが最も一般的な評価戦略です。

- **適用順序(applicative order)**
  適用順序では、β 簡約ができる最も内側の式を探し、右から左へ実行します。これは実質的には λ 式を木と見なして、その木を右から左、木の葉から上へ評価していくことになります。
- **正規順序(normal order)**
  正規順序では、最も外側の式から処理を開始し、左から右へ評価していきます。

適用順序はまさに**先行評価**と言っていたもので、正規順序はまさに**遅延評価**です。それらの違いを知るために (λ x y z . + (* x x) y) (+ 3 2) (*

10 2) (/ 24 (* 2 3))[†1]、という例を見てみましょう。

- **適用(先行) 順序**
  適用順序では、最も内側の式から始め、右から左へ評価していきます。この式の最も内側の式は (* 2 3) です。したがって、この式を評価するためにβ簡約して 6 を得ます。そして右から左へ (/ 24 6)、(* 10 2)、(+ 3 2) と評価します。その結果、元の式は (λ x y z . + (* x x) y) 5 20 4 へ簡約されます。次に、一番外側のλを簡約して (+ (* 5 5) 20) となり、(+ 25 20) と評価され、最終的に 45 になります。

- **正規順序**
  正規順序では、最も左で最も外側から始めます。したがって、外側のβ簡約を**最初に**実行し、(+ (* (+ 3 2) (+ 3 2)) (* 10 2)) を得ます。

2 つの異なる評価の筋書きを見て気づいてほしい重要な点は、適用順序ではすべてのパラメータを最初に評価する一方、正規順序では必要になるまでパラメータを評価しなかったことです。正規順序では、その値が絶対に使われないため、パラメータの式 (/ 24 (* 2 3)) を評価する必要が一切ないということです。

λ計算からわかるのは、2 つの評価戦略は同じ結果を生むという意味で同じ計算を実行するということです。またλ計算を使うことで、遅延評価にどんな意味があるのか、驚くほど単純に定義できます。よく、遅延評価とは必要になるまで式を評価しないという意味だ、と言われますが、この言い方だと、何かをいつ評価するのかを知る方法は説明されません。正規順序の評価を使えば、まだ評価されてない式の中で最も左かつ最も外側に位置するときに式を評価する必要がある、という具合に遅延を定義できます。

同様に、値呼び、参照呼び、名前呼びなどのパラメータ渡し戦略がどのように動くのかも、λ計算の評価戦略を示すことで説明できます。

さて、ここまでの説明でλ計算の入り口を堪能しました。具体的には、λ計算の読み書きと評価方法を知りました。プログラミング言語のさまざまな意味論がβ簡約の順序の違いで示せるという、λ計算が有用な理由もちょっとだけ垣間見ました。

まだ扱っていない本当に重要なことも残っています。さっきまで適当にごまかして数を使っていましたが、どうすればちゃんと数が作れるか本当の意味では知りません。λ計算における計算過程が本当にβ簡約だけなのは知っていますが、β簡約だけを使って算術計算を行う方法は知りません。β簡約を使って条件文や繰り返し処理を行う方法も知りません。数や繰り返しや条件文がなければ、λ計算はチュー

[†1] ［訳注］ここでは説明のため、λ式の本体で二項演算子を前置しています。(* x x) という表記はこれまでの x * x という表記のことだと思って読んでください。

リング完全にならないでしょう！

　次の章では、欠けている部分をすべて埋める方法を説明することで、この問題を切り抜けることにします。

第25章

数、真偽値、そして再帰

25.1 でもそれってチューリング完全なの？

λ計算は、前の章で書いたとおりチューリング完全です。ここで自問すべき問いは、なぜそうなのか、です。計算の3つの特性を覚えていますか？ 無制限の記憶装置があること、算術計算ができること、制御構造があることです。λ計算ではどう実現できるのでしょうか？

記憶装置の部分は簡単です。どんなに複雑な値でも変数に格納できますし、制限なしに好きなだけ関数を作成できます。したがって、無制限の記憶装置については自明です。

でも算術計算は？ 今までのところ、算術計算をあたかも言語の基礎にあるかのように扱ってごまかしていました。実は、λ式だけを使って算術計算を行う、とてもかっこいい方法を編み出せます。

では選択と繰り返しについては？ 今までのところ、選択肢を選ぶ方法も処理を繰り返し行う方法もありません。どうすればできるようになるか、想像もつきません。パッと見では、名前置換と変数置換しかできないλ式の評価に、計算能力はほとんどないように思えます。しかしこれから見るように、算術計算を行う方法をもとにした選択の手段が存在します。繰り返し処理については、実に驚くべきしかけを使ってλ計算で実現します。λ計算における繰り返しは再帰を使ってしか実現できず、再帰には**不動点コンビネータ（fixed-point combinator）**と呼ばれるものを使うしかありません。

チューリング完全であるために必要なこれらの要素は、どれもλ計算には組み込まれていません。しかし幸運なことに、いずれも今あるもので組み立てられます。そんなわけでこの章では、λ計算に必要なものをどう組み立てるかを見ていきます。

作業に取り掛かる前に、物に名前を付ける方法を利便性のために導入します。プログラミング言語の世界では**構文糖衣**と呼ばれる単なる簡略表記ですが、複雑な式を見るようになると読みやすさに大きな違いが出てきます。

以降では、**グローバルな**関数を次のように定義します（つまり、以降のλ計算の説明で、すべての式で宣言に含まれていなくても使える関数を次のように定義します）。

$$\mathtt{square} = \lambda x\,.\ x * x$$

これにより square という名前の関数が宣言されて、その定義は $\lambda x\,.\ x * x$ です。square4 という式があったら、この定義により、事実上その式が $(\lambda\,\mathtt{square}\,.\ \mathtt{square}\ 4)\ (\lambda x\,.\,x * x)$ として扱われるということです。

25.2 数を計算する数

λ計算がチューリング完全であることを示すには、確かめるべきことがもう 2 つあると言いました。算術計算ができることと、制御構造があることです。算術計算については、(またもや！) 数を作ることになります。ただし今回はλ式を使います。さらに、数を作るのに使うのと同じ基本的な方法を、条件文である if/then/else 構文へと変える方法も見ます。これにより、λ計算における完全な制御構造にとって必要なもののうち半分が手に入ることになります。

今まで見てきたように、λ計算で使う道具はすべてλ式で書かれた関数です。数を作りたいならば、ペアノ算術で使えるものを関数だけを使って作る方法を考案しなければなりません。幸い、λ計算を発明した天才アロンゾ・チャーチがすでにその方法を見つけています。彼が考え出した「関数としての数」は**チャーチ数（Church numeral）**と呼ばれます。

チャーチ数では、すべての数は 2 つのパラメータ s と z を伴う関数です。s は**後者関数**を表し、z は**ゼロ**を表します。

- Zero = $\lambda\, s\, z\, .\ z$
- One = $\lambda\, s\, z\, .\ s\, z$
- Two = $\lambda\, s\, z\, .\ s\ (s\ z)$
- Three = $\lambda\, s\, z\, .\ s\ (s\ (s\ z))$
- 以降も同様に、1 つめのパラメータを 2 つめのパラメータに n 回適用する関数として、任意の自然数 n をチャーチ数により表す

これを理解する良い方法は z をゼロの値を返す関数の名前と思い、s を後者関数の名前と思うことです。

チャーチ数は実に素晴らしいものです。λ 計算における他の多くのものと同様に、チャーチ数もアロンゾ・チャーチの信じがたいほど明晰な頭脳の賜物です。チャーチ数が美しいのは、単なる数の表現ではないところです。チャーチ数は、チャーチ数により表現される数をペアノの公理を使って生成する計算の、直接的な表現なのです。つまりこういうことです。数を表現する別の方法があるとしたら、その新しい表現におけるゼロ関数と後者関数を書けるはずです。例えば、文字列を使って次のように一進数を実装できるでしょう。

- UnaryZero = $\lambda\, x$. ""
- UnarySucc = $\lambda\, x$. append "1" x

チャーチ数の 7、すなわち $\lambda\, s\, z\, .\ s(s(s(s(s(s(s(z)))))))$ があったとして、これに UnaryZero と UnarySucc を適用すると、結果は 7 を表す一進数の 1111111 となります。

足し算も、同じく自己計算によって構成します。2 つの数 x と y を足し合わせたい場合は、y をゼロ関数として使って x を実行し、その結果 x が y に**自分自身を加えます**。

実際には、x と y が確実に同じ後者関数を使う必要があるため、もう少し複雑です。$x + y$ という足し算をしたい場合には、4 つのパラメータを持つ関数を書く必要があります。足し算をする 2 つの数と、足し算の結果の数の中で使う値 s と値 z です。

add = $\lambda\, x\, y\, s\, z\, .\ x\, s\ (y\, s\, z)$

この定義では 2 つのことをやっています。まず、足し算したい 2 つの値をパラメータとして取ります。それから、足し算する 2 つの値がゼロと後者関数について最終的に同じ束縛を共有するようにお膳立てする必要があります。この 2 つのことが、足し算という作業でどのように起きるかを理解するために、上記の定義をカ

リー化してから 2 つに分けてみましょう。

$$\texttt{add\_curry} = \lambda\, x\, y.\ (\lambda\, s\, z\, .\, (x\, s\, (y\, s\, z)))$$

add_curry を注意深く見てみると x と y を足したければ次のようにしなさい、と言っています。

1. パラメータ s と z を使ってチャーチ数 y を作る。
2. 同じ s 関数と z 関数を使いつつ、さっきの結果を x に適用する。

例として、add_curry を使って 2 と 3 を足してみましょう。

例： カリー化された関数を使い、足し算 2 + 3 を行う。

1. two = $\lambda\, s\, z\, .\ s\, (s\, z)$
2. three = $\lambda\, s\, z\, .\ s\, (s\, (s\, z))$
3. ここで評価したいのはこの式です。

   add_curry $(\lambda\, s\, z\, .\ s\, (s\, z))\ (\lambda\, s\, z\, .\, s\, (s\, (s\, z)))$

4. two と three の中で同じ名前を使うのは問題になるので、α 変換を適用して two が $s2$ と $z2$ を、three が $s3$ と $z3$ を使うようにします。結果、式はこうなります。

   add_curry $(\lambda\, s2\, z2\, .\ s2\, (s2\, z2))\ (\lambda\, s3\, z3\, .\, s3\, (s3\, (s3\, z3)))$

5. さて add_curry をその定義で置き換えましょう。

   $$(\lambda\, x\, y\, .\ (\lambda\, s\, z\, .\, (x\, s\, (y\, s\, z))))$$
   $$(\lambda\, s2\, z2\, .\, s2\, (s2\, z2))\ (\lambda\, s3\, z3\, .\, s3\, (s3\, (s3\, z3)))$$

6. 一番外側の関数適用で β 簡約を行います。

   $$\lambda\, s\, z\, .\ (\lambda\, s2\, z2\, .\, s2\, (s2\, z2))\, s$$
   $$(\lambda\, s3\, z3\, .\, s3\, (s3\, (s3\, z3))\, s\, z)$$

7. ここで面白いことになりました。これから three というチャーチ数をパラメータ s と z に適用し、β 簡約します。これで three についてのお膳立てができます。つまり、three の定義にある後者関数とゼロ関数が、足し算に対するパラメータの後者関数とゼロ関数で置き換えられます。結果はこうなります。

   $$\lambda\, s\, z\, .\ (\lambda\, s2\, z2\, .\, s2\, (s2\, z2))\, s\, (s\, (s\, (s\, z)))$$

8. 今度は two の λ に対して β 簡約をします。これから何をしようとしているかを見てみましょう。two は、後者関数とゼロ関数を 2 つのパラメータとして取る関数です。two と three を足し算するために、外側の add_curry 関数に渡した後者関数を後者関数としてそのまま使い、three を評価した結果を two へのゼロ値として使います。

   $$\lambda\, s\, z\, .\ s\, (s\, (s\, (s\, (s\, z))))$$

9. これで結果が出ました。チャーチ数の 5 です！

チャーチ数は、この世で最高にかっこいい数の表現であることに加えて、λ計算で計算を組み立てる方法のお手本にもなっています。複数の関数を組み合わせる関数を書いて、やりたい処理をさせるわけです。

25.3 選択？ チャーチに戻ろう

数について片づけたので、少しチューリング完全に近づきました。しかしまだ、選択する能力と繰り返し処理の能力の 2 つが足りません。

選択には、数でやったのとよく似たことをします。数を表現するには、数を計算する関数を組み立てました。選択のためにも、それとほぼ同じトリックを使って、選択肢から選ぶ真偽値を作成していきます。

多くのプログラミング言語のように、if/then/else 式として選択を書けるようにしましょう。自分自身をほかの数に加える関数として数を表現したチャーチ数の基本パターンに従って、真と偽という値を、パラメータに対して if/then/else の処理を実行する関数として表現します。これは**チャーチ真偽値（Church Boolean）**と呼ばれることもあります（もちろん、これもアロンゾ・チャーチが発明したものです）。if/then/else による選択の構文は、真と偽という 2 つの真偽値に基づいています。λ計算では、これらを関数として表現します（関数以外のものが何かあったっけ？）。真と偽は、2 つの引数を取る 2 パラメータ関数です。

- TRUE $= \lambda\, t\, f\, .\; t$
- FALSE $= \lambda\, t\, f\, .\; f$

チャーチ真偽値を使うと、とても簡単に if 関数が書けます。この if 関数は、1 つめのパラメータに条件式、2 つめのパラメータに条件が真だった場合に評価する式、3 つめのパラメータに条件が偽だった場合に評価する式を取ります。

$$\texttt{IfThenElse} = \lambda\ \text{cond}\ t\, f.\ \ \text{cond}\ t\, f$$

真偽値に対する一般的な演算も作れます。

- BoolAnd $= \lambda\, x\, y\, .\; x\, y$ FALSE
- BoolOr $= \lambda\, x\, y.\; x$ TRUE y
- BoolNot $= \lambda\, x\, .\; x$ FALSE TRUE

これらがどう動くのか、もっとよく見てみましょう。最初は BoolAnd です。

BoolAnd TRUE FALSE を評価するところから始めていきます。

1. TRUE と FALSE の定義を展開します。

   BoolAnd (λ t f . t) (λ t f . f)

2. TRUE と FALSE に α 変換を行います。

   BoolAnd (λ tt tf . tt) (λ ft ff . ff)

3. ここで BoolAnd を展開します。

   (λ t f . t f FALSE) (λ tt tf . tt) (λ ft ff . ff)

4. β 簡約を行います。

   (λ tt tf . tt) (λ ft ff . ff) FALSE

5. 再度 β 簡約を行います。

   (λ ft ff . ff)

6. そして BoolAnd TRUE FALSE = FALSE という結果になりました。

次は BoolAnd FALSE TRUE に挑戦してみましょう。

1. TRUE と FALSE の定義を展開します。

   BoolAnd (λ t f . f) (λ t f . t)

2. α 変換を行います。

   BoolAnd (λ ft ff . ff) (λ tt tf . tt)

3. BoolAnd を展開します。

   (λ x y . x y FALSE)(λ ft ff . ff) (λ tt tf . tt)

4. β 簡約を行います。

   (λ ft ff . ff) (λ tt tf . tt) FALSE

5. 再度 β 簡約を行い、最終的に FALSE になりました。したがって、BoolAnd FALSE TRUE = FALSE です。

最後に BoolAnd TRUE TRUE も計算してみましょう。

1. TRUE と FALSE の定義を展開します。

   BoolAnd TRUE TRUE

2. 2 つの真値を展開します。

   BoolAnd (λ t f . t) (λ t f . t)

3. α変換を行います。

   BoolAnd $(\lambda\ xt\ xf\ .\ xt)\ (\lambda\ yt\ yf\ .\ yt)$

4. BoolAnd を展開します。

   $(\lambda\ x\ y\ .\ \ x\ y\ \text{FALSE})\ (\lambda\ xt\ xf\ .\ xt)\ (\lambda\ yt\ yf\ .\ yt)$

5. β簡約を行います。

   $(\lambda\ xt\ xf\ .\ xt)\ (\lambda\ yt\ yf\ .\ yt)\ \text{FALSE}$

6. 再度β簡約を行います。

   $(\lambda\ yt\ yf\ .\ yt)$

7. したがって BoolAnd TRUE TRUE = TRUE です。

他の真偽値演算もほとんど同じように動きます。アロンゾ・チャーチの才能によって、λ計算がチューリング完全であることを示すのに必要なものが、**ほぼ**すべて揃いました。残っているのは再帰だけです。しかしλ計算の再帰は本当に頭がねじ曲がります！

25.4 再帰：ナンデ・ナンデ・ナンデ？

ここまででλ計算を有用なシステムにするあれやこれやを組み立てました。そして数、真偽値、選択演算子を手に入れました。欠いているのは唯一、繰り返しや反復に類するものです。

λ計算ではすべての反復は再帰で行います。実際、再帰というのは反復を表現するとても自然な方法です。慣れるのには少し時間がかかりますが、Scheme、ML、Haskell のような関数型言語に長く触れているのなら、あなたはもうすでに慣れているはずです。そして Java のような命令型言語に戻ったときに、単に再帰で書けばいい反復処理をすべてループ構造で書かされることに欲求不満を感じるに違いありません！

再帰で考えることに慣れていないと、この節は少し難しいかもしれません。そのため、再帰の基礎から見ていくことにしましょう。

再帰を理解する

私が見た中で最も巧みな再帰の定義は “ハッカーズ大辞典（The New Hacker's Dictionary）”[12] のもので、次のように書いてあります。

再帰：「再帰」を参照のこと。

再帰とは自分自身を使って物事を定義することです。これはコツをつかむまではまるで魔法のように思えます。この仕組みは前に第 1 章で帰納法について見たものと同じですが、証明ではなく定義に応用されています。

階乗のような例でその意味を説明するのが一番簡単です。階乗について考えましょう。階乗関数 $N!$ はすべての自然数について定義されています。任意の自然数 N に対して、その階乗は N 以下のすべての正整数の積です。

- $1! = 1$
- $2! = 1 * 2 = 1$
- $3! = 1 * 2 * 3 = 6$
- $4! = 1 * 2 * 3 * 4 = 24$
- $5! = 1 * 2 * 3 * 4 * 5 = 120$
- 以下同様

さっきの定義を見たら、とてもややこしいと思うでしょう。並べた例を見たら、パターンが見て取れるでしょう。数 N の階乗は連続した数の積で、その数の並びは N の手前までの数を並べた後ろに N を追加したものとぴったり同じです。

この見方を使うと、リストがもうちょっと単純になります。N を除いた数の並びを、その積で置き換えてみましょう。

- $1! = 1$
- $2! = 1 * 2 = 2$
- $3! = 2 * 3 = 6$
- $4! = 6 * 4 = 24$
- $5! = 24 * 5 = 120$
- 以下同様

これでパターンがかなり見えやすくなりました。$4!$ と $5!$ を見てください。$4! = 24$ と $5! = 5 * 24$ です。$4!$ は 24 なので、$5! = 5 * 4!$ だといえます。

実際には、一般的に任意の N に対し、$N! = N * (N - 1)!$ だといえます。

うん、まぁ、ほとんどの場合にはね。

この式は**絶対に止まらない**ので、ちゃんとは動きません。$3!$ を計算してみましょう。

$$
\begin{aligned}
3! &= 3 * 2! \\
&= 3 * 2 * 1! \\
&= 3 * 2 * 1 * 0! \\
&= 3 * 2 * 1 * 0 * -1! \\
&= \ldots
\end{aligned}
$$

これを永遠に続けていくことになるのは、定義の方法が絶対に止まらないようになっているからです。その定義には止める方法がありません。

再帰がちゃんと動作するためには、いつかは**止まる**ようにする必要があります。形式的な用語で言えば、**基底ケース**を定義する必要があります。つまり再帰が止まるところ、それ以上再帰を使わずに計算できる、**ある値**に対する定義が出てくる場所が必要です。

階乗では、0 の階乗は 1 というのがそれにあたります。すると今度はうまくいきます。階乗は正の数に対してのみ計算されることになっていて、任意の正の数について再帰的な定義が 0! が出てくるまで展開され、そこで止まります。もう一度 3! を見てみましょう。

$$
\begin{aligned}
3! &= 3 * 2! \\
&= 3 * 2 * 1! \\
&= 3 * 2 * 1 * 0! \\
&= 3 * 2 * 1 * 1 \\
&= 6
\end{aligned}
$$

この階乗で見たものを、すべての再帰の定義で見ることになるでしょう。定義は 2 つのケースで書かれます。関数を再帰的に定義する一般のケースと特定の値に対する再帰的でない定義の基底ケースです。

再帰的定義の書き方は、条件を使った 2 つのケースに分けていて、ちょっとプログラムっぽく見えます。

- $N! = 1$ if $N = 0$
- $N! = N * (N - 1)!$ if $N > 0$

おめでとうございます！ これで再帰についてちょっと理解が進みました。

λ 計算の再帰

λ 計算で階乗を書きたいとします。それにはいくつか道具が必要になります。ゼロとの同値判定が必要ですし、数の掛け算も必要ですし、1 を引く手段も必要です。

ゼロとの同値判定のために、IsZero という名前の 3 つのパラメータを取る関数を使います。IsZero のパラメータは 1 つの数と 2 つの値です。IsZero は、その数がゼロだった場合、1 つめの値を返します。ゼロでなかった場合、2 つめの値を返します。

掛け算は反復的なアルゴリズムなので、再帰を理解しないと掛け算を実装できません。しかし、とりあえず今のところはごまかして、Mult x y という関数があるとしておきます。

最後に、1 を引くために、x の 1 つ前、つまり $x-1$ を計算する Pred x を使います。したがって、一部を空白のまま残して再帰呼び出しで階乗を書いてみると、とりあえずこうなります。

λ n . IsZero n 1 (Mult n (何か (Pred n)))

ここで出てくる疑問は、どんな種類の**何か**が差し込めるのか、です。本当にやりたいことは、関数自身のコピーを差し込むことです。

Fact = λ n . IsZero n 1 (Mult n (Fact (Pred n)))

どうやったらこれができるでしょうか？ λ計算の関数に何かを差し込むには、普通はパラメータを追加します。

Fact = (λ f n . IsZero n 1 (Mult n (f (Pred n)))) Fact

しかし、この方法では関数のコピーを自身のパラメータとして差し込めません。Fact という名前は、今使おうとしている式の中には存在していません。定義されていない名前は使えませんし、λ計算で名前に束縛する唯一の方法はλ式にパラメータとして渡すことです。そうすると私たちにできることはなんでしょう？

答えは**コンビネータ**と呼ばれるものを使うことです。コンビネータは関数に作用する特別な種類の関数で、関数適用だけで定義できます。**Y コンビネータ**と呼ばれる、λ計算で再帰を実現可能にする、特別な、あたかも魔法のような関数を定義します。

$$Y = \lambda\, y\ .\ (\lambda\, x\ .\ y\ (x\ x))\ (\lambda\, x\ .\ y\ (x\ x))$$

これを Y と呼ぶ理由は、「Y」のような形をしているからです。もっとわかりやすく見せるために、木を使ってλ計算を書くこともあります。Y コンビネータの木は図 25.1 のようになります。

なぜ Y コンビネータが、階乗関数の定義問題に対する答えになるのでしょうか？ Y コンビネータは**不動点コンビネータ**です。それはつまり、自分自身を再生産する

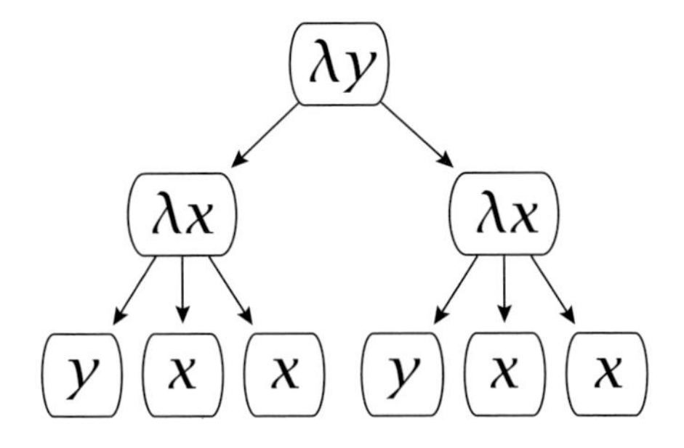

▶ 図 25.1 Y コンビネータ： Y コンビネータを木として書くと、その名前にある「Y」の由来がはっきりします。

能力のある奇妙な野獣だということです！ それが特別であるのは、任意の関数 f に対し、$Y\ f$ を評価すると $f\ Y\ f$ になり、それをさらに評価すると $f\ (f\ Y\ f)$ になり、さらにさらに評価すると $f\ (f\ (f\ Y\ f))$ となるという事実があるからです。このコンビネータが Y と呼ばれる理由がわかりましたか？

$Y\ f$ の動きをたどってみましょう。

- Y を展開します。

  $(\lambda\ y\ .\ (\lambda\ x\ .\ y\ (x\ x))\ (\lambda\ x\ .\ y\ (x\ x)))\ \ f$

- β 簡約を行います。

  $(\lambda\ x\ .\ f\ (x\ x))\ (\lambda\ x\ .\ f\ (x\ x))$

- 再度 β 簡約を行います。

  $f\ (\lambda\ x\ .\ f\ (x\ x))\ (\lambda\ x\ .\ f\ (x\ x))$

- $Y\ f = (\lambda\ x\ .\ f\ (x\ x))\ (\lambda\ x\ .\ f\ (x\ x))$ なので、3 つの手順を経て $f\ Y\ f$ が得られました。

見てください、これが Y の魔法です。何をどうやっても、自分自身を引数として受け取ることはできませんでした。しかし、$Y\ f$ を評価すると f のコピーが作られた上、$Y\ f$ の部分も手つかずのままになっています。

それではこの素晴らしいものをどう使えばいいのでしょうか？

ついさっき階乗関数を定義しようとしたときのことを覚えていますか？ では再度見てみましょう。

$$\texttt{Fact} = (\lambda\ f\ n\ .\ \texttt{IsZero}\ n\ 1\ (\texttt{Mult}\ n\ (f\ (\texttt{Pred}\ n))))\ \texttt{Fact}$$

これをちょっとだけ書き直して、議論しやすくしましょう。

Metafact = (λ f n . IsZero n 1 (Mult n (f (Pred n))))

これによって、Fact = Metafact Fact となりました。

さて、残る問題は 1 つです。Fact は Fact の内部で定義された識別子ではありませんでした。どのように Fact から Fact を参照させるのでしょうか？ 確か λ 抽象で Fact 関数をパラメータとして渡せるようにしてあったので、しなければならないのは、自分自身をパラメータとして受け取る Fact を書く方法を発見することです。

さて $Y\ f$ がどう動くか覚えていますか？ これは 1 つめのパラメータに $Y\ f$ を取る f の呼び出しに展開されるのでした。別の言い方をすると $Y\ f$ は、1 つめのパラメータに**自分自身**を取る再帰関数へ f を変えてしまうのです。したがって階乗関数はこうなります。

Fact = Y Metafact

私が Y コンビネータについて学んだのは大学生のときで、たぶん 1989 年ごろですが、いまだに不可解に感じます。今では Y コンビネータについて理解はしていますが、どうやってこんなものを思いついたのかは想像もつきません！

Y コンビネータに興味があるなら、“Scheme 手習い”[3] を手に入れることを**強く**おすすめします。小さくて素敵な本です。児童書のように仕立てられ、それぞれのページの左半分には質問があり、右半分には答えが書いてあります。とても楽しい遊び心のある書き方で、実に楽しく魅力的な本です。Scheme でのプログラミングも学べます。

ここまでで、λ 計算で任意の計算を書くのに必要なものをすべて見てきました。λ 計算では、変数や複雑な値を使って、任意の大きさの記憶装置が使えることを示しました。チャーチ数の驚くような自己計算のトリックを使って、数を組み立てる方法を見ました。チャーチ真偽値を使って選択を行う方法を理解しました。そして最後に、Y コンビネータによる再帰を使って、繰り返し処理を実現する方法を理解しました。それなりに苦労しましたが、ここで組み立てた λ 計算という道具を使えば、望むことがなんでもできます。

この力は並外れたもので、その結果、あらゆるところで使われています。特に私のような人たちにとっては、自分が使っているプログラミング言語で λ 計算にちょっとでも影響を受けなかった言語はおそらくないでしょう。

残念なことに、まだ問題はあります。数学のほかのものと同じく、λ のような計算には**モデル**が必要です。モデルによって、計算（を定義する方法）が真に妥当であることがわかります。モデルがなかったら、私たちはλ計算に騙されるかもしれません。何か素晴らしいもののように見えて、その実、素朴集合論のラッセルの逆理で見たように、根本的な欠陥のうえに組み立てられていて不整合を起こすかもしれません！

次の章では、その穴を埋める方法を見て、λ計算に妥当なモデルがあることを示します。その流れの中で、**型**とは何であるか、論理を使うプログラムの間違いの検出に型がどう役立つかを知ることになるでしょう。

第26章

型、型、型：λ計算のモデル化

λ計算は前の章で議論した単純な型無しλ計算から始まりました。しかしλ計算が発明された当時は、「これは本当に健全なのか？」という大きな未解決問題がありました。別の言い方をすれば、「λ計算は妥当なモデルを持っているのか？」が未解決だったのです。

チャーチはλ計算が健全であることを確信していましたが、そのモデルを探すのに苦労していました。チャーチはその調査中に、単純なλ計算を使って奇妙で厄介な式を簡単に作れることを発見しました。チャーチが特に心配していたのは、自己参照のゲーデル的罠（第27章でもう少し議論します）にはまってしまうことで、その手の不整合を避けたいと考えていました。そこでチャーチは、原子的で単純な値と述語を表している値との間に区別をつけようとしました。両者を区別することで、述語が原子的な値に対してのみ作用し、ほかの述語には作用しないことを保証しようとしたのです。

チャーチは**型(type)**という概念を導入することでそれを実現しました。型によって計算の式に制約を課す方法が得られ、それにより不整合を起こしえるような自己参照構造が形成できなくなります。型の追加によって生み出される新しいλ計算のことを**単純型付きλ計算(simply typed λ calculus)**と呼びます。単純型付きλ計算のもともとの目的は、λ計算が妥当なモデルを持つことを示すことでした。こうした導入された着想は、もともとの目的を越えて有用であったことが判明します。

実際、静的型付きプログラミング言語を使ったことがある人であれば、λ計算から生み出されたこの着想を今までに目にしています。チャーチによって導入された型付きλ計算は、すべての型システムと、そこで私たちが使う型の概念の基礎となっているのです。

最初の型付きλ計算が単純型付きと呼ばれているのは、理にかなった型の概念として最も単純だからです。その型システムには基本型と関数型はありますが、パラメータや述語が付随する型はありません。プログラミング言語の言葉で言えば、このλ計算を使うと 整数 型は定義できますが、整数のリスト 型のようなパラメータ付きの型は定義できません。

26.1 型と遊ぶ

チャーチが型付きλ計算を設計したとき、彼の目的は、λ計算が整合性がとれていることを示すモデルを組み立てることでした。彼が恐れたのは、ゲーデル的な自己参照問題でした。これを避けるために、値を**型**と呼ばれる集団に分離し、この型という着想を使いλ計算の言語に制限を課すことで、不整合が生じてしまうような式を書けないようにしました。

型付きλ計算によってもたらされた最も重要なものは、基本型という概念です。型付きλ計算では、操作できる原子的な値の範囲が決まっています。これらの値が、互いに異なる重なりのない**基本型**と呼ばれる集団の集まりに分別されます。一般に基本型にはギリシャ文字の小文字 1 文字の名前を付けます。この章の単純型付きλ計算の説明では、自然数の型には α を、真偽値の型には β を、文字列の型には γ（「ガンマ」）を使います。

基本型が手に入ったら、関数の型について議論できます。関数は、ある型（関数のパラメータの型）の値を別の型（関数の返り値の型）の値へ対応付けます。γ 型のパラメータを取って δ（「デルタ」）型の値を返す関数の型を $\gamma \rightarrow \delta$ と書きます。この右矢印のことは、**関数型構築子（function type constructor）**と呼びます。関数型構築子は右結合的であり、$\gamma \rightarrow \delta \rightarrow \varepsilon$（「イプシロン」）は $\gamma \rightarrow (\delta \rightarrow \varepsilon)$ と同じことです。これが論理における含意（「ならば」）に似ているのは偶然ではありません。関数型 $\alpha \rightarrow \delta$ は含意**なのです**。型 α の値を関数に渡すことが、返り値の型が δ ということを含意しています。

λ計算でこの型を使うには、新しい仕組みが 2 つ必要です。1 つめに、λ計算の構文を修正して、λの項に型情報を含められるようにする仕組みが必要です。2 つめに、型付きのプログラムが妥当であるとはどういうことかを示す規則一式を追加する必要があります。

構文のほうは簡単です。表記にコロン（「:」）を加えるだけです。このコロンの左にある式もしくは変数束縛が、右にある型の指定に結び付くものとします。この結び付けである**型付け関係（typing relation）**は、コロンの左側にあるものはコロンの右側で指定された型を持っている、ということを表しています。

いくつか例を見てみましょう。

- **$\lambda x:\ \alpha\ .\ x+3$**
  これはパラメータの x の型は α であると宣言している単純な関数で、型 α というのは、自然数の型に対して私たちが付けた名前です。この関数は結果の型については何も言っていませんが、+3 は $\alpha \to \alpha$ という型を持つ関数だとわかっているので、この関数の結果の型は α であると推論できます。
- **$(\lambda x\ .\ x+3):\ \alpha\ \to\ \alpha$**
  これはさっきの関数とほぼ同じ関数で、見た目は異なるけれど同等の型宣言が付いています。今回の型宣言は λ 式全体の型に対するものです。関数の型が $\alpha \to \alpha$ となると宣言されているので、$x:\alpha$ と推論できますが、これはパラメータの型が α であることを意味しています。
- **$\lambda x:\alpha\ ,\ y:\delta\ .$ if y then $x*x$ else x**
  今度はもっと複雑な例です。これは 2 パラメータ関数で、1 つめのパラメータの型が α、2 つめのパラメータの型が δ です。返り値の型は x の型、つまり α だと推論できます。これを使うと、関数全体の型が $\alpha \to \delta \to \alpha$ だとわかります。最初は驚くかもしれませんが、2 パラメータ関数はこのように複数の矢印を使って型を書きます。なぜこう書けるかというと、24.1 節で説明したように、λ 計算は 1 パラメータ関数だけで実際にきちんと機能するからです。複数パラメータ関数は、カリー化の簡略表記なのです。$\lambda x:\alpha\ y:\delta\ .$ if y then $x*x$ else x は $\lambda x:\alpha\ .\ (\lambda y:\delta\ .$ if y then $x*x$ else $x)$ の簡略表記です。内側の λ の型は $\delta \to \alpha$ で、外側の λ の型は $\alpha \to (\delta \to \alpha)$ です。

型付けの重要なところは、λ 計算の式やプログラムの整合性を強制することです。そのためには、プログラムでの型の使われ方が、整合性の取れた妥当なものかどうかを判定できる必要があります。もしそうなら、そのプログラムは**正しく型付けされている（well typed）**といいます。プログラムが正しく型付けされているかどうかをチェックするには、**型推論（type inference）**システムを使います。型推論では型宣言を公理とし、論理的な推論を使ってプログラムに出てくるすべての節や式の型を決定します。もしすべての式の型が推論でき、推論されたどの型も宣言された型と食い違っていなければ、そのプログラムは正しく型付けされています。式の型を、型の論理を使って推論するとき、この推論の前提と結論をまとめて**型付け規則(type rule)**と呼びます。

型付け規則は、通常は分数のような表記で書きます。分子と分母にあたる部分には、**型判断(type judgement)**と呼ばれるものを書きます。分子にあたる部分には正しいとわかっている型判断を、分母にあたる部分には分子から推論できる型判断を書きます。型判断は、通常は**シーケント(sequent)**と呼ばれる表記で書きます。これは左から順に0個以上の型文脈、記号 $\vDash$、1つ以上の型付きλ計算の式を並べたものです。**型文脈(type context)**（もしくは単に**文脈(context)**）とは型付け関係の集まりです。文脈は、通常は大文字で書きます。型文脈 G が $x : \gamma$ という型付け関係を含んでいる場合、それを $G \vDash x : \gamma$ と書きましょう。

単純型付きλ計算の型推論規則を単純化したものは次のようになります[†1]。

- **型恒等**

$$\frac{}{x : \delta \vDash x : \delta}$$

これは最も単純な規則です。変数の型しか情報がない場合、その変数はそこに書かれた型を持っているとわかります。

- **型不変**

$$\frac{G \vDash x : \delta, x \neq y}{G + y : \epsilon \vDash x : \delta}$$

不干渉を意味する命題です。ある変数や式の型がいったん判断できたならば、他の変数や式の型情報を付加しても、その判断は変わらないと言っています。実用的な型推論にとってはとても重要な命題です。なぜなら、十分な情報が揃った時点ですぐに判断をしてよく、それ以降に再度考え直す必要もないことを意味しているからです。

- **関数型推論**

$$\frac{G + x : \delta \vDash y : \epsilon}{G \vDash (\lambda x : \delta \,.\, y) : \delta \rightarrow \epsilon}$$

この命題によって、パラメータの型が与えられた関数の型を推論できます。関数のパラメータの型が δ で、関数の本体になる項の型が ε であると知っていたら、関数の型が $\delta \rightarrow \varepsilon$ であることがわかります。

---

†1 ［訳注］δ と ε は任意の型です。

- **関数適用推論**

$$\frac{G \vDash x : \delta \to \epsilon, G \vDash y : \delta}{G \vDash (xy) : \epsilon}$$

関数の型が $\delta \to \varepsilon$ だと知っていて、その関数を δ 型の値に適用したなら、その結果は型が ε の値になります。

これら4つの規則で必要なものは全部です。あるλ式について、そのすべての項に対して矛盾しない型判断が考えられたなら、その式は正しく型付けされています。そうでなければ、その式は正しく型付けされていません。

例を使ってやってみましょう。

例：$\lambda\, x\, y\, .$ if y then $3 * x$ else $4 * x$.

1. if/then/else は組み込みの関数で、文脈に存在しているものとします。この型は $\beta \to a \to a \to a$、つまり3つのパラメータを取る関数です。その3つとは、真偽値、真偽値が真だった場合に返す値、真偽値が偽だった場合に返す値です。if/then/else が正しく型付けされるためには、2つめと3つめのパラメータが同じ型を持たなくてはいけません。そうでないと、関数が返り値の型を2つ持ちえることになり、不整合が起きてしまいます。したがって、if/then/else についての既知の型情報と関数型推論を使うと、y は β 型でなければならないと推論できます。
2. 同じように、if/then/else 関数にある他の式についても基本的な推論が可能です。$3*$ と $4*$ は数から数への関数で、x を $3*$ と $4*$ のパラメータとして使っていることから、$x : \alpha$ とわかります。
3. いったんパラメータの型が判明すれば、適用推論を使うことで、if / then / else の返り値型が $\beta \to \alpha \to \alpha \to \alpha$ であるとわかります。
4. 最後に、関数型推論を使って関数全体の型が得られます。($\lambda\ x : \alpha\ y : \beta .$ if y then $3 * x$ else $4 * x$)$: \alpha \to \beta \to \alpha$ です。

より複雑なプログラムでは、**型変数(type variable)**を相手にする必要がよくあります。型変数は、まだわかっていない型のための仮置きの型です。型がわからない変数があったら、**新しい**型変数を導入しておきます。その型変数が使われているどこかの場所で実際の型が判明したときには、型を置き換えればいいのです。例として、すごく単純な式を見てみましょう。$\lambda\, x\, y .\, y\, x$ です。

型宣言や型変数は一切なく、厳密な型はわかりません。しかし x がなんらかの型を持っていることは知っているので、**型変数**を使って不明な型を表しておき、後でなんらかの型に置き換えられることを期待しましょう。その型変数を t と呼ぶことにします。したがって型恒等により $x : t$ という判断が追加できることになります。y はλ式の本体の中で適用され、x を引数に取っていることから、関数だとわかります。どんな型を返すかはわからないので、もう1つ新しい型変数 u を使い、$y : t \to u$ (関数型推論）としておきます。関数適用推論により、y を適用した結果の型が u だとわかります。以上により、型変数を使ってこの関数に出てくるものすべてについて型が書けるようになりました。$(\lambda x : t\ y : t \to u.\ (y\,x) : u) : t \to (t \to u) \to u$ です。x と y の型についてもっと情報がない限り、これ以上は推論できません。λ式の構造だけから多くのことを推論できましたが、これだけでは正しく型付けされていることを示すには十分ではありません。

この問題を理解するために、このλ式を $(\lambda x\,y\,.\ y\,x)\ 3\ (\lambda a.\ \text{if } a \text{ then } 3 \text{ else } 2)$ のように適用したとします。すると、y は型 $\beta \to \alpha$ を持たなければならない、といえるでしょう（前に言ったとおり、β は真偽値の型で α は自然数の型です）。x に対して 3 を渡しているので、$x : \alpha$ です。ここで不整合が起きました。y についての型判断では t は β でなければなりませんが、x についての型判断では t は α でなければなりません。

必要なものは以上です。これで単純型付きλ計算が手に入りました。

26.2 証明するんだ！

単純型付きλ計算の型を別の面から見てみましょう。次の文法で形成できるものはすべてλ計算の型です。

$$
\begin{aligned}
\mathit{type} &::= \mathit{primitive} \,\|\, \mathit{function} \,\|\, (\mathit{type}) \\
\mathit{primitive} &::= \alpha \,\|\, \beta \,\|\, \delta \,\|\, \cdots \\
\mathit{function} &::= \mathit{type} \to \mathit{type}
\end{aligned}
$$

この文法は妥当な型の構文を定義していますが、これだけでは型を意味のあるものにするには不十分です。この文法を使って何かしら妥当な型を作れますが、その型を持つ値になる式を実際に作り出せるとは限りません。ある型を持つ式があるとき、式はその型に**宿る（inhabit）**といい、その型を宿られし型（inhabited type）といいます。ある型に宿りえる式がまったくない場合、その型は**宿りえない（uninhabitable）**と呼びます。では、宿りえる型と宿りえない型の違いはなんでしょう？

その答えは**カリー・ハワード同型（Curry-Howard isomorphism）**と呼ばれるものから得られます。カリー・ハワード同型は、私が知っている中で最高に輝かしい成果の 1 つです。型付きλ計算に対し、それに対応する直観主義論理が存在することが、カリー・ハワード同型によって示されています。具体的には、λ計算の型式が宿りえることと、対応する論理でその型が**証明可能な定理**であることが同値なのです。

このことは前にも少しほのめかしていました。$\delta \to \delta$ という型を見てください。「→」を関数型構築子と見る代わりに、論理における含意だと思って見てみましょう。「δ ならば δ」は、明らかに直観主義論理の定理です。したがって、型 $\delta \to \delta$ は宿りえます。

今度は $\delta \to \varepsilon$ を見てみましょう。なんらかの文脈で証明されない限り、これは定理ではありません。関数型として見ると、これは δ 型のパラメータを取って何か別の ε 型の値を返す関数の型だと理解できます。これだけを取り出しても、そのようには理解できません。**どこか**から ε を取ってくる必要があるからです。$\delta \to \varepsilon$ は、定理であるためには証明可能でなければなりません。その証明はなんでしょう？ それは δ 型の値をパラメータとして取り、ε 型の値を返すプログラムです。このプログラムこそが、$\delta \to \varepsilon$ 型が宿りえることの**証明なのです**。

λ計算のプログラムが証明であるという事実は、この例よりもっと深い話です。直観主義論理から好きに命題を取ってきて、λ計算における型宣言に翻訳できるのです。そのうえで、その命題の妥当性を、妥当なプログラムを書くことで**証明**できるのです。プログラムの型が命題であり、プログラムがその証明なのです。プログラムを実行する際の β 簡約は、証明を書き換えることに対応します。

この章のはじめに、λ計算が健全であると考えるためには妥当なモデルが必要だと言いました。これが答えです。直観主義論理がそのモデルなのです。

26.3 なんの役に立つのか？

モデルが組み立てられるだけでなく、型によってλ計算の式が驚くような方法で論証できるようになりました。λ計算の型は計算論の分野をすっかり変えました。型付きλ計算は抽象数学の研究に有用なだけでなく、実践的な計算にも直接的な影響があります。現在ではプログラミング言語の意味を記述する道具としてプログラミング言語の設計で広く使われ、人間が使う言語の意味を記述する道具としてさえ使われています。λ計算の型システムは絶え間なく発展し続けてきました。今でも型付きλのシステムを拡張することで新しい事実が発見されています！

λ計算を基礎に置くほとんどのプログラミング言語は、**System-F** の一種に基づいています。**System-F** は、パラメータ化された型を含むより高度な型システムでλ計算を拡張したものです（System-F についてさらに学習したければ、“型システム入門”[11] が良い入門書です）。System-F を簡略化したものが、ロビン・ミルナー（Robin Milner）による ML と呼ばれるプログラミング言語の設計で使われています（詳細は “The Definition of Standard ML”[8] を参照）。この ML が、型付きλ

計算に基づくほぼすべての現代的なプログラミング言語の基礎になっています。ミルナーは、**calculus of communicating systems** と呼ばれるものを使った並行計算のモデル化の業績と並んで、MLの設計の業績によってチューリング賞を受賞しました。

型に対する理解が進んだことで、型無しλ計算が、単純型付きλ計算を病的に単純にしたものであるということも判明しました。型無しλ計算は、基本型が1つしかない型付きλ計算なのです[†2]。型がモデルに必要というわけではないのですが、型のおかげでモデル化が簡単になり、λ計算を実際のプログラミングに適用するための新しい展望が開けたといえます。

単純型付きλ計算は、λ計算の式に制限を課し、整合性がとれていることを保証する手法として始まりました。しかし、チャーチが型を作り出したその手法は驚くべきものです。彼は単に制約システムを作っただけではありませんでした。彼は型に**論理**という観点を付け加えました。λ計算の関数が正しい形式を持つならば、その関数に登場する式の型が関数の整合性についての論理的な証明になるという点こそが、まさしく天才のひらめきだったのです！ 単純型付きλ計算の型システムは直観主義論理です。プログラムの型は直観主義論理における命題であり、β簡約は推論ステップに対応し、完全な関数はそれぞれの関数に型エラーが含まれないことの証明なのです！

[†2] ［訳注］正確には「型無しλ計算は、唯一の基本型 X を持ち、関数型 $X \to X$ と X を同一視する型付きλ計算」です。この同一視により、関数を作ったりパラメータに関数を適用したりしてもその結果の型は X になります。

第27章 停止性問題

計算についての本を締めくくるにおいて、計算はいつかは終わるのか、という問いよりもふさわしいものがあるでしょうか？

計算における最も基本的な問いの１つは、ある特定の計算がいつかは止まるのかどうかを判断できるかどうかです。これはプログラムを書く技術者にとって明らかに重要な問題です。正しいプログラムは、必ずいつかはその処理を終え、停止すべきです。ずっと処理が終わらないプログラムを書いたとしたら、ほぼ確実にそのプログラムは間違っています。

この問いは単に特定のプログラムが正しいかどうか以上の問題です。数学の根本的な限界に関する問いの、まさに核心へと迫る問題なのです。

数学者が数学の限界について語るときは、ほぼ必ず**ゲーデルの不完全性定理**と呼ばれるものの話に行き着きます。この不完全性定理によって、ペアノ算術を表現できる程度に強力な論理体系では、証明もその否定の証明もできない言明があることが証明されました。これを示したことで、不完全性定理の証明は、数学の歴史上最も野心的だったプロジェクトに対して完全なる失敗を宣告したのです。こうして不完全性定理は、数学史上で最も偉大な成果の１つになると同時に、最もひどい失望の１つになりました。

この話については解説しないつもりです。

これから解説するのは、不完全性定理に少し関係していますが、もっと単純な話です。プログラムがいつかは実行を完了し停止するかどうか、についての問いから派生する話です。第 14 章で、論理的な証明と計算とが同じものであることを見ました。いろいろな計算について調べ、それらの計算がいつかは完了するかどうかを問うことで、結果的に不完全性定理とほぼ同じ意味合いの結論を導き出せます。これから調べようとしている基本的な問いは、プログラム P が与えられたとき、P がいつか停止するかどうかを教えてくれるプログラムを書けるか、というものです。この問題は停止性問題と呼ばれ、ドイツ語で **Entscheidungsproblem** と呼ばれる問題の一種です。チューリングは、この問題の解決に多くの時間を費やしました。詳細に説明する前に、なぜこれがそんなにも大事な問題なのかを理解するための話をしましょう！

27.1 輝かしい失敗

二十世紀のはじめ、バートランド・ラッセルとアルフレッド・ノース・ホワイトヘッド（Alfred North Whitehead）に率いられたある数学者たちの集団が、何やら驚くべきことを開始しました。完全に形式化された数学を構築しようと考えたのです。彼らは集合論の最も基本的な公理から始め、数学の完全な体系を 1 まとまりの体系として組み立てようと試みました。彼らの試みは**プリンキピア・マテマティカ**として出版されました。プリンキピア・マテマティカに記される体系は、究極の完璧な数学になったことでしょう！ この体系では、すべてのありえる言明が真または偽です。すべての真な言明は証明でき、すべての偽な言明はその否定が証明できます。

プリンキピア・マテマティカの体系がどれほど複雑だったかというと、$1 + 1 = 2$ が証明できるところまで到達するために、数学的記法の部分だけでもホワイトヘッドとラッセルをして 378 ページも費やさせたほどです。驚くほど複雑な証明からの抜粋を載せておきます。

$$
\begin{array}{lll}
\multicolumn{3}{l}{*\mathbf{54\cdot 4}.\ \vdash\colon .\beta \subset \iota\text{‘}x \cup \iota\text{‘}y.\ \equiv\colon \beta = \Lambda.\vee.\beta = \iota\text{‘}x.\vee.\beta = \iota\text{‘}y.\vee.\beta = \iota\text{‘}x \cup \iota\text{‘}y} \\
\multicolumn{3}{l}{\quad \mathit{Dem.}} \\
\multicolumn{3}{l}{\vdash .*51\cdot 2.\ \supset\vdash\colon x, y\epsilon\beta.\supset.\iota\text{‘}x \cup \iota\text{‘}y \subset \beta\colon} \\
\text{[Fact]} & \supset\vdash\colon \beta \subset \iota\text{‘}x \cup \iota\text{‘}y.x, y\epsilon\beta.\supset.\beta.\subset \iota\text{‘}x \cup \iota\text{‘}y.\iota\text{‘}x \cup \iota\text{‘}y.\subset\beta. & \\
[*22\cdot 41] & \qquad\qquad \supset.\beta = \iota\text{‘}x \cup \iota\text{‘}y & (1) \\
\multicolumn{3}{l}{\vdash .*51\cdot 25.\ \supset\vdash\colon .\beta \subset \iota\text{‘}x \cup \iota\text{‘}y.y \sim \epsilon\beta.\supset\colon \beta \subset \iota\text{‘}x\colon} \\
[*51\cdot 401] & \qquad\qquad \supset\colon \beta = \Lambda.\vee.\beta = \iota\text{‘}x & (2) \\
\text{Similarly} & \supset\colon .\beta \subset \iota\text{‘}x \cup \iota\text{‘}y.x \sim \epsilon\beta.\supset\colon \beta\Lambda.\vee.\beta = \iota\text{‘}y & (3)
\end{array}
$$

［略］

この命題は、couple に属するクラスは null-class または unit class または couple 自体のいずれかであることを示しており、それゆえに 2 より小さな数は 0 と 1 のみであることが従う。

$*\mathbf{54 \cdot 41}.\ \vdash :: \alpha\epsilon 2 . \supset :. \beta \subset \alpha . \supset : \beta = \Lambda . \vee . \beta\epsilon 1 . \vee . \beta\epsilon 2$

Dem.

$\vdash . *52 \cdot 1 . \supset \vdash :. \beta = \iota`x . \vee . \beta = \iota`y : \supset . \beta\epsilon 1$ (1)

$\vdash . *54 \cdot 26 . \supset \vdash :. x \neq y . \supset : \beta = \iota`x \cup \iota`y . \supset . \beta\epsilon 2$ (2)

$\vdash . (1) . (2) . *54 \cdot 4 . \supset$

$\vdash :: x \neq y . \supset :. \beta \subset \iota`x \cup \iota`y . \supset : \beta = \Lambda . \vee . \beta\epsilon 1 . \vee . \beta\epsilon 2 ::$

$[*13 \cdot 12] \supset \vdash :: \alpha = \iota`x \cup \iota`y . x \neq y . \supset :. \beta \subset \alpha . \supset : \beta = \Lambda . \vee . \beta\epsilon 1 . \vee . \beta\epsilon 2 ::$

$[11 \cdot 11 \cdot 35] \supset$

$\vdash :. (\exists x, y) . \alpha = \iota`x \cup \iota`y . x \neq y . \supset :. \beta \subset \alpha : \beta = \Lambda . \vee . \beta\epsilon 1 . \vee . \beta\epsilon 2$ (3)

$\vdash . (3) . *54 \cdot 101 . \supset \vdash .$ Prop

もしプリンキピアが成功していたなら、数学の秘密のすべてが解明されていたでしょう。ラッセルとホワイトヘッドは、史上最も重大な知の業績を成し遂げていたことになります。

しかし悲しいことに、プリンキピアは失敗に終わりました。体系は吹き飛んでしまいました。単に彼らの骨折りが失敗に終わっただけでなく、成功することが絶対に、完全に、避けようもなく不可能であると証明されたのです。

いったいどんな出来事が、この壮大な骨折り仕事の崩壊を引き起こしたのでしょう？ 答えは単純です。クルト・ゲーデル（Kurt Gödel、1906–1978）が1931年に "On Formally Undecidable Propositions in Principia Mathematica and Related Systems I" という、**不完全性定理（incompleteness theorem）**の最初の論文を発表しました。

不完全性定理は、ペアノ算術を表現できる程度に強力な論理体系は、不完全であるか矛盾するかのどちらかになることを証明しました。不完全性定理の証明の構造は複雑ですが、素晴らしく美しいものです。

不完全性定理は、プリンキピア・マテマティカのような体系に関する仕事を完全に終了させました。そのような骨折り仕事が失敗する運命にあることを示したからです。この定理が示したのは、その体系がペアノ算術を表現できる程度に強力であるとすると、どんな完全な体系も矛盾にならざるをえず、どんな無矛盾な体系も不完全にならざるをえないということでした。これは何を意味するでしょうか？

数学用語を使えば、矛盾する体系とは、ある言明とその否定が両方とも証明できる体系のことです。これは数学の世界においては最悪の欠陥です。論理体系で、ある言明とその否定が両方とも証明できてしまったら、それはその体系での**すべての**証明が妥当でないことを意味します！ 矛盾する体系はとうてい容認できません。矛盾する体系が許容できないので、私たちが構築するどんな体系も、ペアノ算術を表現できる程度に強力にしたいなら不完全に**ならざるをえない**のです。体系が不完全だというのは、証明もその否定の証明もできない言明があることを意味します。

不完全性定理はプリンキピア・マテマティカの体系に厄災をもたらしました。プリンキピア・マテマティカで目指していたのは、1つの論理体系ですべての真な言明を証明できるようにすることだったのです。

この厄災は、アラン・チューリングと停止性問題にどんな関係があるのでしょうか？

不完全性定理の証明を説明するのは困難です。丸々一冊を費やして説明している本がいくつもあります。私たちにはそんな時間もページもありません！ 幸運なことに、いわゆる停止性問題のアラン・チューリングの証明という簡単な逃げ道があって、これが不完全性定理とほぼ同じことを単純にしたものだとわかります。

第 14 章 で Prolog を使って見たように、ある論理で証明を探索する過程は計算**なので**、論理的推論体系はある種の**計算システム**です。これは次のことを意味します。もしプリンキピア・マテマティカがうまくいったなら、ある論理のどんな言明に対しても、その言明の証明を探索することで、その言明が真であるか偽であるかについての証明が最終的には見つかるでしょう。答えが常に存在し、常になんらかのプログラムによってその答えが最終的には生成されるでしょう。

したがって、「言明 S の証明もしくはその否定の証明はあるか？」という問いは、実は「プログラム P はいつか答えを出力して完了するか？」という問いと同じことなのです。

ゲーデルは、この問いの論理側のバージョンを証明しました。つまり、ある言明があって否定を証明できないのだけれど、**証明もできない**ことを証明しました。チューリングが証明したこれに相当する言明は、いつかは処理を完了する、つまり**停止**するかどうかを判断できないプログラムがある、というものです。

これらは、深い意味では同じ問いなのです。しかしゲーデルの不完全性定理の証明を理解するのに比べて、停止性問題の証明を理解するほうがずっと簡単です。

27.2 止まるべきか、止まらざるべきか？

まずはじめに、計算装置がどんなものかを定義する必要があります。形式的数学の観点では、どのように動くかは気にしません。関心があるのは、抽象的な観点で見たときに何をするかだけです。そういうわけで、**実効的計算装置(effective computing device)**、もしくは**実効的計算システム(effective computing system)**、略して ECS と呼ばれるものを定義します。実効的計算装置は任意のチューリング等価な計算装置です。チューリング機械でも λ 計算評価器でも Brainf***インタプリタでも、あなたの携帯電話の CPU でもかまいません。機械の種類はなんでもいいので、あえてここではぼかしています。示したいことは、**任意の計算装置**でプログラムが停止するかどうかを正しく判断できない、ということなのです。

実効的計算装置は 2 パラメータ関数としてモデル化されます。

$$C : N \times N \to N$$

1 つめのパラメータはプログラムを自然数に符号化したものです。2 つめのパラメータはプログラムの入力です。これも自然数として符号化されています。この符号化の方法には制限がありそうに思えますが、どんな有限なデータ構造も自然数に符号化できるので、実際には制限はありません。もしプログラムが停止するならば、関数の返り値はプログラムの結果となります。もしプログラムが停止しなければ、関数は何も返しません。その場合、プログラムとその入力からなる組は実効的計算装置の定義域に含まれていない、といいます。

そのようなわけで、プログラム f の入力 7 での実行を記述したいなら $C(f,7)$ とします。そして、プログラム p が入力 i で停止しないということは、$C(p,i) = \bot$ と記述します。

これで基本的な実効的計算装置が手に入ったので、これを停止性問題の定式化に使うために 3 つ以上の入力[†1]を扱えるように整備する必要があります。だって停止性神託は、2 つの入力（他のプログラムと、そのプログラムへの入力）を取るプログラムなのですから。一番簡単な整備の方法は、順序対から整数への 1 対 1 対応である**対関数**を使うことです。

実際にはいろいろな対関数が考えられます。例えば、両方の数を二進数に変換し、2 つの数が同じ長さになるように小さいほうの左側を 0 で埋め、できたビット列を互い違いに組み合わせます。(9, 3) が与えられたとして、9 を 1001 に、3 を 11 に変換します。そして 3 の左側を 0 で埋めて 0011 とし、互い違いに組み合わせて 10000111 が得られます。これは十進数で 135 です。使う対関数が厳密に何であるかは重要ではありません。重要なのは、複数のパラメータを合成して 1 つの数にできる、**ある**対関数を選べると知っていることです。ここで使う対関数を $\texttt{pair}(x,y)$ と書くことにしましょう。

対関数の助けを借りて、ようやく停止性問題を表現できるようになりました。問いは、次のような**停止性神託**と呼ばれるプログラム O が存在するかどうかです。

$$\forall p, \forall i : C(O, \texttt{pair}(p,i)) = \begin{cases} 0 & \text{if } C(p,i) = \bot \\ 1 & \text{if } C(p,i) \neq \bot \end{cases}$$

日本語で言えば、「プログラム p と入力 i のすべての組に対し、$C(p,i)$ が停止するときは 1 を、停止しないときは 0 を返す O という神託プログラムは存在するか？」ということです。もう少しくだけた言い方をすると、「プログラムがいつかは実行を完了して停止するかどうかを判断するプログラムが書けるか？」となります。

[†1] ［訳注］後に出てくる、「停止性神託」「他のプログラム」「そのプログラムへの入力」のことです。

ここからがその証明です。停止性神託 O が**存在する**と仮定します。これは、任意のプログラム p と任意の入力 i に対し、$C(O,\mathtt{pair}(p,i)) = 0$ となるのは $C(p,i) = \bot$ のときかつそのときに限る、ということです。

$C(p_d,i)$ は停止するが、$C(O,\mathtt{pair}(p_d,i)) = 0$ となるプログラム p_d と入力 i を作り出せたとしたらどうなるでしょう？ もしできたとすると、それは停止性神託がお告げに失敗したことになり、プログラムがいつかは停止するかどうかを常に**判断できるわけではない**ことが示されたことになります。

これからそのプログラムを組み立てていきます。そのプログラムを **deceiver(騙す者)** と呼びましょう。deceiver は自分自身に対する停止性神託の予言を見て、その正反対のことをします。

```
def deceiver(oracle) {
  if oracle(deceiver, pair(oracle, deceiver)) == 1 then
    loop forever
  else
    halt
}
```

簡単でしょ？ まぁ、そうでもないのです。見た目ほどには簡単ではありません。問題は、deceiver が自分自身を神託に渡せなければならないことです。でもどうやったらいいのでしょう？ プログラムは**自分自身**を神託に渡すことはできません。

なぜかって？ それは、ここでは数として表現されたプログラムを扱っているからです。もしプログラムが自分自身の複製を含んでいたとしたら、**自分自身より大きく**なっているはずです。そんなことはもちろん不可能です。

余談になりますが、これを回避するトリックはいろいろあります。古典的なトリックの 1 つは、与えられたプログラム p に対して同じプログラムの異なる数値表現の種類は**無限個**ある、という事実に基づくものです。この特性を使って、プログラム $d2$ を deceiver である d に埋め込めます。しかし、この埋め込みをきちんと行うには、まだいくつかトリックが必要です。これは言うほど単純ではありませんし、あのアラン・チューリングでさえ最初に発表した証明では失敗しています！

幸いにもうまい回避策があります。ここで関心があるのは、停止性神託 O が停止状態を間違って予言してしまう任意のプログラムと入力の**組**があるかどうかです。というわけなので、deceiver を自分自身に渡せるパラメータに変換してしまいましょう。つまり、deceiver は次のようになります。

```
def deceiver(input) {
  (oracle, program) =  unpair(input)
  if oracle(program, input):
    while(True): continue
  else:
    halt
}
```

すると、program パラメータの値が数値形式の deceiver 自身である場合が気になるところでしょう。

これで停止性神託 O は、input = pair(O,deceiver) のとき、deceiver がどう振る舞うかについて間違った予言をしてしまいます。これで、いま一度、単純なほうの証明を考えていたところに戻ることになります。停止性神託は、与えられた任意のプログラムと入力の組に対し、プログラムがその入力で停止するかどうかを正しく判断できるプログラムです。神託が正しい予言を**下さない**プログラムと入力の組を構成でき、したがって、それが停止性神託**ではない**ことになります。

この証明は、停止性神託はあります、と誰かが主張するときは、それが**いつでも**間違っていることを示しています。それを盲目に信用する必要もありません。この証明により、神託が間違える特定の例を組み立てる方法が示されています。

停止性問題は単純に思えます。計算機のプログラムが与えられて、それがいつか実行を完了するかどうかを知りたいとします。チューリングのおかげで、これは答えが出せない問いであるとわかっています。しかし計算が数学という分野でとても重要である以上、これは計算機の専門家の関心にはとどまらない問題です。計算について実際に誰かが深く考えるよりもずっと前に、計算の限界が数学の限界を設けていたのです。プログラムがいつか停止するかどうかを私たちが知りえないという事実は、計算において私たちには解決できない問題があること、さらには数学そのものでも解決できない問題があることを意味しています。

ゲーデルと不完全性定理についてもっと学びたければ、次の 2 冊の本を調べることを強くおすすめします。1 冊めは “ゲーデル, エッシャー, バッハ”[5] で、これは私が最高に好きなノンフィクションです。読者を惹きつける面白い形式ばらない方法で、実際にゲーデルの証明の手順を見事に説明しています。より形式的で数学的な説明のほうがよければ、素晴らしい解説書である “ゲーデルは何を証明したか”[9] をおすすめします。

参考文献

[1] Gregory J. Chaitin. *The Limits of Mathematics: A Course on Information Theory and the Limits of Formal Reasoning.* Springer, New York, NY, USA, 2002. 黒川利明 訳『数学の限界』(エスアイビー・アクセス、2001年).

[2] William F. Clocksin and Christopher S. Mellish. *Programming in Prolog: Using the ISO Standard.* Springer, New York, NY, USA, fifth edition, 2003. 中村克彦 訳『Prologプログラミング』(マイクロソフトウェア、1983年).

[3] Daniel P. Friedman, Matthias Felleisen, and Duane Bibby. *The Little Schemer.* MIT Press, Cambridge, MA, fourth edition, 1995. 元吉文男、横山晶一 共訳『Scheme手習い』(オーム社、2010年).

[4] Wilfrid Hodges. An editor recalls some hopeless papers. *The Bulletin of Symbolic Logic*, 4(1), 1998, March.

[5] Douglas R. Hofstadter. *Gödel, Escher, Bach: An Eternal Golden Braid.* Basic Books, New York, NY, USA, 20th anniv edition, 1999. 野崎昭弘、はやし・はじめ、柳瀬尚紀 訳『ゲーデル, エッシャー, バッハ あるいは不思議の環 20周年記念版』(白揚社、2005年).

[6] Edmund M. Clarke Jr., Orna Grumberg, and Doron A. Peled. *Model Checking.* MIT Press, Cambridge, MA, 1999.

[7] Ernest Lepore. *Meaning and Argument: An Introduction to Logic Through Language.* Wiley-Blackwell, Hoboken, NJ, 2000.

[8] Robin Milner, Robert Harper, David MacQueen, and Mads Tofte. *The Definition of Standard ML.* MIT Press, Cambridge, MA, revised edition, 1997.

[9] Ernest Nagel and James R. Newman. *Gödel's Proof.* NYU Press, New York, NY, 2008. 林一 訳『ゲーデルは何を証明したか 数学から超数学へ』(白揚社、1999年).

[10] Richard O'Keefe. *The Craft of Prolog (Logic Programming).* MIT Press, Cambridge, MA, 2009.

[11] Benjamin C. Pierce. *Types and Programming Languages.* MIT Press, Cambridge, MA, 2002. 住井英二郎 監訳/遠藤侑介、酒井政裕、今井敬吾、黒木裕介、今井宜洋、才川隆文、今井健男 共訳『型システム入門 プログラミング言語と型の理論』(オーム社、2013年).

[12] Eric S. Raymond. *The New Hacker's Dictionary.* MIT Press, Cambridge,

MA, third edition, 1996. 福崎俊博 訳『ハッカーズ大辞典 改訂新版』（アスキー、2002 年）.

[13] Stephen Wolfram. *A New Kind of Science.* Wolfram Media, Champaign, IL, 2002.

訳者後書き

この本との出会い

この “Good Math” という本は、ソフトウェア・エンジニアである著者 MARKCC さんのブログ “Good Math, Bad Math” の記事をもとに作られています。ソフトウェア・エンジニアとしての視点を持ちながら、ブログという比較的軽めに書かれた文章で数学を紹介している、という点がこの本の魅力です。

“Good Math” の存在を知ったのは、@golden_lucky さんのつぶやきからでした。その後、オーム社で翻訳に興味のある人を探しているという話を耳にし、さっそく原書を買って読んでみたところ、これは良い本で翻訳する価値があると実感しました。そして勢いのままその日のうちに、翻訳したい気持ちを伝えていました。

私はもともとブログを書いたり、Python 公式ドキュメントの翻訳をしたりといった活動をしていて、文章を書くのは好きでした。自分が書いたブログ記事の PV を見たり、Python 公式ドキュメントのことでお礼を言われたりして、多くの人に読まれて役に立っているのを実感する喜びは、私にとってほかの喜びより大きいものです。この翻訳も多くの人に読まれ、数学を面白いと思うきっかけになったり、知らなかったことを知ったりして役に立てたら嬉しいです。

数学の本への思い

数学の専門書ではほとんどが「定義、命題、定理」という流れで書かれていて、内容も贅肉が削ぎ落とされた骨格の部分だけが書かれていることが多いです。専門書には「行間をわざと空けて読み手に考えさせ、より深く内容を理解させる」という教育的な役割もあるため、骨格だけでもかまわないと、私は考えています。（すべての自明であるとされた証明がその意図であるとは限りませんが。）本の前でうんうんうなったり、本の行間を埋めるために別の本を参照したり、まれにある誤植に泣かされたり、ゼミで発表するために自分なりのストーリーに組み換えたり、そういったことを通して数学の経験を積んでいくのだと思います。

しかしそんな内容では、数学を専攻していたわけではないけどちょっと興味があって、中身をのぞいてみたいという人は振り落とされてしまいます。せっかく知りたいという気持ちがあるのに学ぶ方法が少ない、そんな状況はもったいないです。そういう思いから勉強会を開いたり、ブログを書いてみたりしましたが、それほど多くの人に伝えられるわけではありません。それと比べると本という伝達手段は、より広い範囲の人に気づいてもらいやすく、編集者さんのおかげで文章の質もより高いものになっています。勉強会やブログという手段にも良いところはありますが、それでは不可能な役割を本は担えます。

難しい専門書とすごく易しい入門的な数学書との中間くらいに位置する本は需要はあるものの、それに応えるだけの数や種類の豊富さは足りておらず、もっともっと増えていいと考えています。そういう思いを持っていたところで出会ったのが、この “Good Math” という本でした。

この本の魅力

この本の素晴らしいところはなんと言っても、軽い口調で高度な数学の内容を語っているところです。ストーリーに乗せられて読み進めるうちに、いつの間にか大学レベルの内容の文章を読んでいることになります。できるだけ読み手がつまずかないように例え話やソースコードを並べ、同じ内容について手を替え品を替え説明を繰り返すという工夫もされています。

何より著者の MARKCC さんが数学が大好きなことが伝わってきて、こちらも楽しい気分にさせられます。まるで MARKCC さんが観光ガイドになり、いろいろな名所を案内してくれているようです。もちろん、歩く道筋は平坦ではなく、外れると迷ってしまうような場所もあります。そんなところでは MARKCC さんが、目指しているところを説明して励ましてくれたり、難しい内容で立ち止まらないように先導してくれたりしています。

この本の各部のタイトルを見ると、扱っている内容はそれぞれ異なるように見えます。しかし実は、ペアノ数や論理などの話題について複数の部で扱い、複数の視点から光を当てています。1 つの数学的対象に対して複数の解釈や意味づけを見つけるのも、数学の楽しみ方の 1 つです。そこの楽しみを、観光ガイドである MARKCC さんはちゃんと忘れずに紹介してくれています。

この本でたどった道を振り返ってみると、その長さと内容の豊富さに驚くのではないでしょうか。その道筋の中に、好きだと思った話題、面白いと思った話題、なんとなく心に残った話題など何か 1 つでも見つけられたら、通訳者として観光ツアーに同行した私も嬉しく思います。

謝辞

- 好きなように学ばせてくれた両親。小さかったときに、Macintosh で好きにお絵描きさせてくれた父と、興味があるならと数学の本をたくさん買ってくれた母に。学ぶ機会や環境を用意してくれたおかげで、多くの専門知識に触れる喜びを味わえています。

- 翻訳作業をする快適な環境を提供してくれた喫茶店と電車の座席と「パンツァー・リート」。気を散らすものがない環境で、『ガールズ＆パンツァー 劇場版』オリジナルサウンドトラックの「パンツァー・リート」を聞いて気持ちを盛り上げ、文章の読解と訳文の組み立てに思考と想像力を集中させられました。
- 日本語版レビュワーの方々。稲葉一浩さん、今井健男さん、川中真耶さん、木村浩一さん、酒井政裕さん、宮本隆志さん（五十音順）。
- オーム社の皆さん。遅筆で気をもませてしまいました。無理を言ってこちらのペースで作業させてもらえ、翻訳を完了できました。
- 最後に、家族へ。どうしても翻訳がしたいんだ、という思いを理解してくれ、少なくない時間を翻訳のために使うのを認めてくれてありがとう。

2016年6月

cocoatomo

索引

記号・数字

A

B

C

D

E

F

G

H

I

K

L

M

N

O

P

Q

R

S

T

U

V

W

Y

Z

ア

イ

ウ

エ

オ

カ

キ

ソ

タ

チ

ツ

テ

ト

ニ

ノ

ハ

ヒ

フ

ヘ

ホ

マ

ム

メ

モ

ヤ

ユ

ヨ

ラ

リ

レ

ロ

ワ

著者と訳者について

＜原著者＞

Mark C. Chu-Carroll（マーク・シー・シュー=キャロル）

Mark C. Chu-Carroll は計算機科学の PhD を有するソフトウェアエンジニア。協調的ソフトウェア開発、プログラミング言語およびツール、ソフトウェア開発における日常業務の改善に関心がある。ギーク的な活動をしている時間と、ブログを執筆している時間以外には、クラリネットでクラシック音楽を演奏したり、フルートでアイルランド民謡を演奏したり、折り紙で精巧な構造を作って楽しんだりしている。

＜訳者＞

cocoatomo（@cocoatomo）

修士課程数学専攻を卒業後、プログラマとして働く。数学、計算機科学に興味を持ち、勉強会を主催する。最近は、型理論の裏付けとなる圏論の勉強会を開いている。Python 公式ドキュメント翻訳メンバー。

＜本文イラスト＞

m.uda

グッド・マス　ギークのための数・論理・計算機科学

平成28年 6 月25日　　第1版第1刷 発行

著　　者　Mark C. Chu-Carroll
訳　　者　cocoatomo
発 行 者　村 上 和 夫
発 行 所　株式会社 オ ー ム 社
郵便番号　101 - 8460
東京都千代田区神田錦町 3 - 1
電 話　03 (3233) 0641 (代表)
URL　http://www.ohmsha.co.jp/

組版　トップスタジオ　　印刷・製本　三美印刷
ISBN 978-4-274-21896-5　Printed in Japan